東進

共通テスト実戦問題集
数学Ⅱ・B・C

別冊 問題編

Question

MATHEMATICS

東進

共通テスト実戦問題集
数学Ⅱ・B・C

問題編
Question

MATHEMATICS

東進ハイスクール・東進衛星予備校 講師
志田 晶
SHIDA Akira

目次

【解答上の注意】

1　解答は，解答用紙の問題番号に対応した解答欄にマークしなさい。

2　問題の文中の [ア]，[イウ] などには，符号(－)又は数字(0 ～ 9)が入ります。ア，イ，ウ，…の一つ一つは，これらのいずれか一つに対応します。それらを解答用紙のア，イ，ウ，…で示された解答欄にマークして答えなさい。

例　[アイウ] に －83 と答えたいとき

ア	●	⓪	①	②	③	④	⑤	⑥	⑦	⑧	⑨
イ	⊖	⓪	①	②	③	④	⑤	⑥	⑦	●	⑨
ウ	⊖	⓪	①	②	●	④	⑤	⑥	⑦	⑧	⑨

3　分数形で解答する場合，分数の符号は分子につけ，分母につけてはいけません。

例えば，$\dfrac{\boxed{エオ}}{\boxed{カ}}$ に $-\dfrac{4}{5}$ と答えたいときは，$\dfrac{-4}{5}$ として答えなさい。

また，それ以上約分できない形で答えなさい。

例えば，$\dfrac{3}{4}$ と答えるところを，$\dfrac{6}{8}$ のように答えてはいけません。

4　小数の形で解答する場合，指定された桁数の一つ下の桁を四捨五入して答えなさい。また，必要に応じて，指定された桁まで⓪にマークしなさい。

例えば，[キ].[クケ] に 2.5 と答えたいときは，2.50 として答えなさい。

5　根号を含む形で解答する場合，根号の中に現れる自然数が最小となる形で答えなさい。

例えば，$\boxed{コ}\sqrt{\boxed{サ}}$ に $4\sqrt{2}$ と答えるところを，$2\sqrt{8}$ のように答えてはいけません。

6　根号を含む分数形で解答する場合，例えば $\dfrac{\boxed{シ}+\boxed{ス}\sqrt{\boxed{セ}}}{\boxed{ソ}}$ に

$\dfrac{3+2\sqrt{2}}{2}$ と答えるところを，$\dfrac{6+4\sqrt{2}}{4}$ や $\dfrac{6+2\sqrt{8}}{4}$ のように答えてはいけません。

7　問題の文中の二重四角で表記された [[タ]] などには，選択肢から一つを選んで，答えなさい。

8　同一の問題文中に [チツ]，[[テ]] などが2度以上現れる場合，原則として，2度目以降は，[チツ]，[[テ]] のように細字で表記します。

東進 共通テスト実戦問題集

第1回

数学Ⅱ・数学B・数学C

(100点 70分)

Ⅰ 注 意 事 項

1 解答用紙に，正しく記入・マークされていない場合は，採点できないことがあります。特に，解答用紙の**解答科目欄にマークされていない場合又は複数の科目にマークされている場合は，0点**となることがあります。

2 試験中に問題冊子の印刷不鮮明，ページの落丁・乱丁及び解答用紙の汚れ等に気付いた場合は，手を高く挙げて監督者に知らせなさい。

3 **選択問題については，いずれか3問を選択**し，その問題番号の解答欄に解答しなさい。

4 問題冊子の余白等は適宜利用してよいが，どのページも切り離してはいけません。

5 **不正行為について**

① 不正行為に対しては厳正に対処します。

② 不正行為に見えるような行為が見受けられた場合は，監督者がカードを用いて注意します。

③ 不正行為を行った場合は，その時点で受験を取りやめさせ退室させます。

6 試験終了後，問題冊子は持ち帰りなさい。

Ⅱ 解答上の注意

1 解答上の注意は，p.4に記載してあります。必ず読みなさい。

数学Ⅱ・数学B・数学C

問　題	選　択　方　法
第1問	必　　答
第2問	必　　答
第3問	必　　答
第4問	いずれか3問を選択し，解答しなさい。
第5問	
第6問	
第7問	

（下 書 き 用 紙）

第１問 （必答問題）（配点 15）

次の２つの円について考える。ただし，a は実数の定数とする。

$$C_1: x^2+y^2-12x-12y+63=0$$

$$C_2: x^2+y^2-6x-4y+a=0$$

(1) $a=9$ とする。

円 C_1 の中心の座標は（ ア ， イ ），半径は ウ ，円 C_2 の中心の座標は（ エ ， オ ），半径は カ であることから，円 C_1 と C_2 は キ 。

キ の解答群

⓪ 異なる２点で交わる	① 外接する
② 内接する	③ 共有点をもたない

（数学Ⅱ・数学Ｂ・数学Ｃ第１問は次ページに続く。）

(2) $a = -3$ とする。太郎さんと花子さんは，次の方程式で表される図形 P について話している。

$$P : x^2 + y^2 - 12x - 12y + 63 + (k - 3)(x^2 + y^2 - 6x - 4y - 3) = 0$$

太郎：$a = -3$ のとき，2つの円 C_1 と C_2 は異なる2点で交わるね。だから，図形 P は k の値にかかわらず円 C_1 と C_2 の2つの交点を通る［ク］といえるね。

花子：$k =$［ケ］のとき，直線になるよ。

太郎：でも，図形 P は円 C_1 と C_2 の2つの交点を通るすべての［ク］を表しているのかなあ。

花子：k にどのような値を代入しても，［コ］だけは表せないね。

［ク］の解答群

⓪ 直線	① 直線または放物線
② 直線または円	③ 直線または双曲線

［コ］の解答群

⓪ 直線 $3x + 4y - 33 = 0$	① 円 C_1
② 円 C_2	③ 円 C_1 と C_2

（数学Ⅱ・数学Ｂ・数学Ｃ第１問は次ページに続く。）

花子：$k=4$ のとき，図形 P は円を表すよね。

太郎：円 C_1 と C_2 の中心を結ぶ直線に垂直な直線を ℓ として，$k=4$ のときの円 P が直線 ℓ と接するときを考えてみようよ。

花子：直線 ℓ の傾きは $\dfrac{\boxed{サシ}}{\boxed{ス}}$ だよね。

太郎：それなら，直線 ℓ の方程式を $y=\dfrac{\boxed{サシ}}{\boxed{ス}}x+n$ とおいて，n の値を求めればいいね。

花子：$n=\dfrac{\boxed{セソ}}{4}$，$\dfrac{\boxed{タチ}}{2}$ となったよ。

太郎：この図形 P は，円 C_1 と C_2 の交点を通り，直線 ℓ に接する円になるね。

（下 書 き 用 紙）

第２問 （必答問題）（配点　15）

関数 $f(x) = 4^x + 4^{-x}$ について考える。

(1)　$f(0) = $ ［ア］

$f\left(\dfrac{1}{2}\right) = \dfrac{［イ］}{［ウ］}$

$f(\log_4 7) = \dfrac{［エオ］}{［カ］}$

である。

(2)　a を定数とし，関数 $g(x) = \{f(x)\}^2 - 2af(x) + 3$ について考える。相加平均と相乗平均の大小の関係から，$f(x)$ は $x =$ ［キ］ のとき最小値 ［ク］ をとることに注意すると

$a = 3$ のとき，$g(x)$ の最小値は ［ケコ］

$a = 1$ のとき，$g(x)$ の最小値は ［サ］

である。

また，$g(x)$ の最小値が 0 となるような a の値は $\dfrac{［シ］}{［ス］}$ である。

（下 書 き 用 紙）

第３問 （必答問題）（配点　22）

〔１〕 aを実数の定数とし，

$$f(x) = -x^3 + 3ax^2 - (6a^2 + 15a)x \quad \cdots\cdots ①$$

について考える。

このとき，$f'(x)$のグラフは次の図のようになった。ただし，$\alpha < \beta$とする。

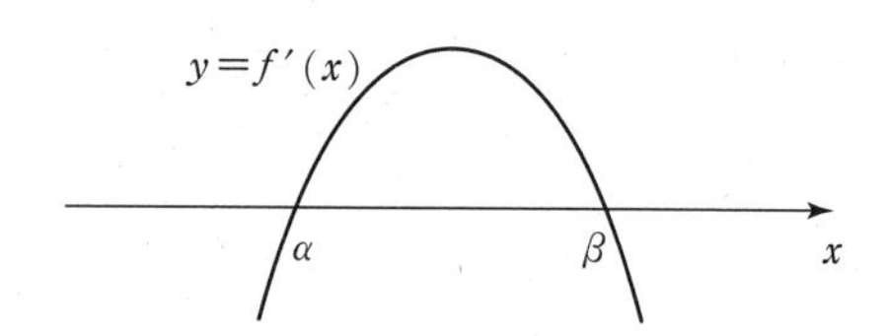

(1) 次の⓪～⑤のうち，$y = f(x)$のグラフの概形として最も適当なものは［ア］である。

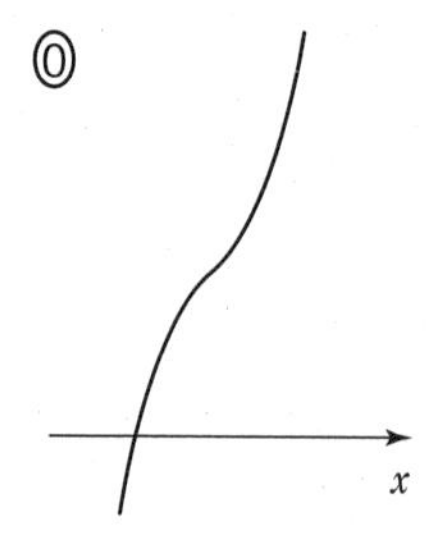

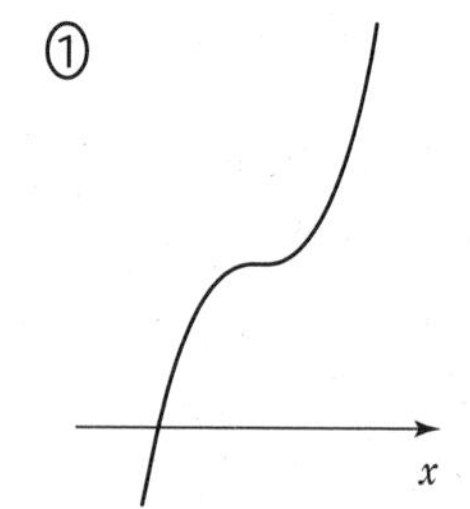

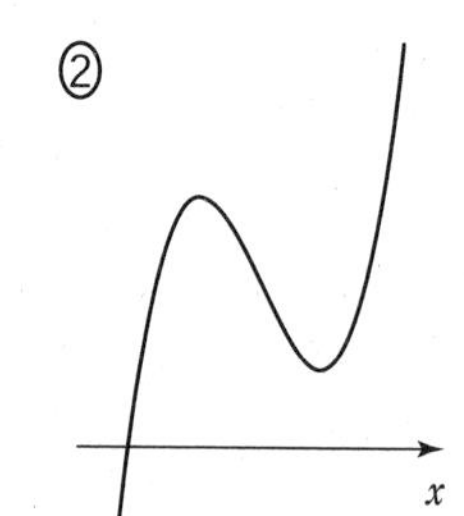

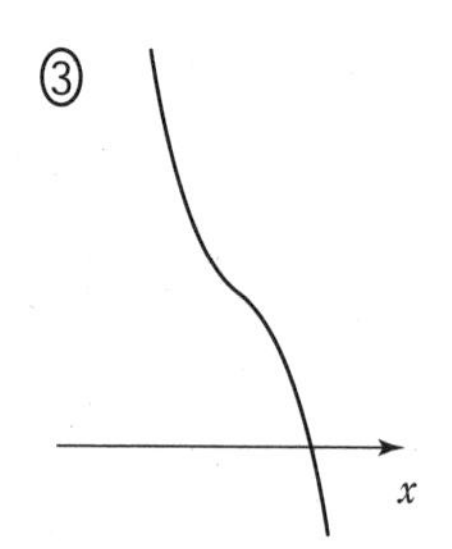

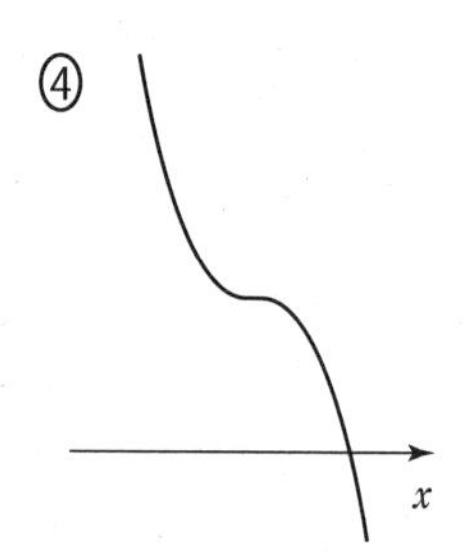

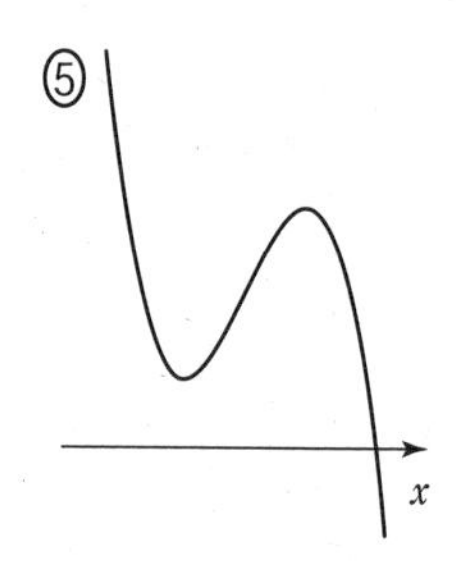

（数学Ⅱ・数学B・数学C第３問は次ページに続く。）

(2) $y = f'(x)$のグラフに注意すると，aの値の範囲は

$$\boxed{\text{イウ}} < a < \boxed{\text{エ}}$$

である。

(3) $\alpha + \beta$，$\alpha\beta$，$f(\alpha) + f(\beta)$をaの式で表すと

$$\alpha + \beta = \boxed{\text{オ}}\,a,\quad \alpha\beta = \boxed{\text{カ}}\,a^2 + \boxed{\text{キ}}\,a,$$

$$f(\alpha) + f(\beta) = \boxed{\text{クケ}}\,a^3 - \boxed{\text{コサ}}\,a^2$$

となる。

したがって，$h(a) = f(\alpha) + f(\beta)$とおくと，$\boxed{\text{イウ}} < a < \boxed{\text{エ}}$のとき$h(a)$のとりうる値の範囲は

$$-\frac{\boxed{\text{シスセ}}}{\boxed{\text{ソ}}}\ \boxed{\text{タ}}\ h(a)\ \boxed{\text{チ}}\ \boxed{\text{ツテト}}$$

である。

$\boxed{\text{タ}}$，$\boxed{\text{チ}}$の解答群（同じものを繰り返し選んでもよい。）

⓪ ≦	① <	② >	③ ≧

（数学Ⅱ・数学B・数学C第３問は次ページに続く。）

〔2〕 b, c, d を実数の定数とする。$f(x)=x^2+bx+c$, $g(x)=x^3+dx^2-6x-9$ とし，座標平面上の曲線 $y=f(x)$ を C_1，曲線 $y=g(x)$ を C_2 とする。曲線 C_1 と C_2 が，x 座標が -2 である点 A で共通の接線をもつとき，次の問いに答えよ。

(1) b, c を d を用いて表すと

$b=$ [ナ], $c=$ [ニ]

である。

[ナ], [ニ] の解答群（同じものを繰り返し選んでもよい。）

⓪ $10-2d$	① $10+2d$
② $10-4d$	③ $10+4d$
④ $11-2d$	⑤ $11+2d$
⑥ $11-4d$	⑦ $11+4d$

（数学Ⅱ・数学B・数学C第３問は次ページに続く。）

(2) $d=2$ とする。このとき，曲線 C_1 と C_2 の点A以外の交点をBとすると，点Bの座標は $\left(\boxed{\text{ヌ}},\ \boxed{\text{ネノ}}\right)$ である。

また，直線ABと曲線 C_1 で囲まれた部分のうち，$x \geqq 0$ の部分の面積を S，$x \leqq 0$ の部分の面積を T とすると，$S=\dfrac{\boxed{\text{ハヒ}}}{\boxed{\text{フ}}}$ であり，$\dfrac{S}{T}$ の値は $\boxed{\text{ヘ}}$ である。

$\boxed{\text{ヘ}}$ の解答群

⓪ 0以上1未満	① 1以上2未満
② 2以上3未満	③ 3以上

第４問 （選択問題）（配点 16）

数字１と２をそれぞれ１つずつ書いたカードが十分に多くある。このカードを横一列に並べ，それらのカードに書かれた数の和と並べ方の総数との関係を調べる。以下では，数字１，２と書かれたカードを，それぞれ１のカード，２のカードとよぶことにする。また，n は自然数とする。

(1) １のカード，２のカードを１，２，１，２，…の順に繰り返し並べる。

このとき，$2n$ 番目までのカードに書かれた数の和は［ア］，$2n-1$ 番目までのカードに書かれた数の和は［イ］と表される。したがって，この並べ方では和［ウ］は表すことはできない。

［1］［2］［1］［2］［1］［2］…

［ア］，［イ］の解答群（同じものを繰り返し選んでもよい。）

⓪ $3n-2$	① $3n-1$	② $3n$
③ $3n+1$	④ $3n+2$	⑤ $3n+3$

［ウ］の解答群

⓪ 2008	① 2013	② 2018	③ 2023	④ 2028

（数学Ⅱ・数学B・数学C第４問は次ページに続く。）

(2) カードに書かれた数の和が n となるようなカードの並べ方の総数を a_n とする。例えば，$a_1=1$，$a_2=2$ となる。このとき，

$a_3=$ エ ，$a_4=$ オ である。

$n=1$ のとき

1

$n=2$ のとき

1 1 または 2

n が3以上の自然数のとき，カードに書かれた数の和が n となるカードの並べ方について考える。

(i) 1枚目に1のカードを並べたとき，残りのカードの並べ方は カ 通り

(ii) 1枚目に2のカードを並べたとき，残りのカードの並べ方は キ 通り

であるから，漸化式 $a_n=$ ク が成り立つ。

この漸化式を繰り返し用いると，カードに書かれた数の和が7となる並べ方の総数は ケコ 通りであることがわかる。

カ ， キ の解答群（同じものを繰り返し選んでもよい。）

⓪ a_{n-3}	① a_{n-2}	② a_{n-1}	③ a_n
④ a_{n+1}	⑤ a_{n+2}	⑥ a_{n+3}	

ク の解答群

⓪ $a_{n-2}+a_{n-3}$	① $a_{n-1}+a_{n-2}$	② a_n+a_{n-1}
③ $a_{n+1}+a_n$	④ $a_{n+2}+a_{n+1}$	⑤ $a_{n+3}+a_{n+2}$

（数学Ⅱ・数学B・数学C第４問は次ページに続く。）

(3) １のカードが連続せず，かつカードに書かれた数の和が n となるようなカードの並べ方の総数を b_n とする。例えば，$b_1 = 1$，$b_2 = 1$ となる。このとき，$b_3 =$ [サ]，$b_4 =$ [シ] である。

n が４以上の自然数のとき，１のカードが連続せず，かつカードに書かれた数の和が n となるようなカードの並べ方について考える。

(i) １枚目に１のカードを並べたとき，残りのカードの並べ方は [ス] 通り

(ii) １枚目に２のカードを並べたとき，残りのカードの並べ方は [セ] 通り

であるから，漸化式 $b_n =$ [ソ] が成り立つ。

この漸化式を繰り返し用いると，１のカードが連続せず，かつカードに書かれた数の和が８となる並べ方の総数は [タ] 通りであることがわかる。

[ス]，[セ] の解答群（同じものを繰り返し選んでもよい。）

⓪ b_{n-3}	① b_{n-2}	② b_{n-1}	③ b_n
④ b_{n+1}	⑤ b_{n+2}	⑥ b_{n+3}	

[ソ] の解答群

⓪ $b_{n-2} + b_{n-3}$	① $b_{n-1} + b_{n-2}$	② $b_n + b_{n-1}$
③ $b_{n+1} + b_n$	④ $b_{n+2} + b_{n+1}$	⑤ $b_{n+3} + b_{n+2}$

（下 書 き 用 紙）

第5問 (選択問題)(配点 16)

以下の問題を解答にするにあたっては，必要に応じて26ページの正規分布表を用いてもよい。

ある製菓会社の工場Aでは袋入りクッキーを，工場Bでは袋入りチョコレートを製造している。工場A，Bでは，定期的に商品の内容量の重さ（以下，クッキーの重さおよびチョコレートの重さとよぶ）のチェックをしている。

(1) 工場Aでは，1袋のクッキーの重さが100gを超えるものが10%含まれることが過去のデータからわかっている。工場Aのチェック担当の太郎さんは，工場Aで製造された商品から無作為に200袋を抽出し，クッキーの重さを測った。200袋のうち，重さが100gを超えている袋の個数を表す確率変数をZとする。

このとき，Zは二項分布B(200, 0.[アイ])に従い，Zの平均（期待値）は[ウエ]である。

(数学Ⅱ・数学B・数学C第5問は次ページに続く。)

(2)　Zを(1)の確率変数とする。工場 A で製造されたクッキー 200 袋の標本のうち，重さが 100 g を超えていた袋の標本における比率を $R = \dfrac{Z}{200}$ とする。このとき，R の標準偏差は $\sigma(R) =$ [オ] である。

標本の大きさ 200 は十分に大きいので，R は近似的に正規分布 $N\left(0.\text{[アイ]},\ \left(\text{[オ]}\right)^2\right)$ に従う。

したがって，$R_1 =$ [カ] とすると，R_1 は標準正規分布 $N(0,\ 1)$ に従うので，確率 $P(R \geqq x) = 0.0228$ となるような x の値は $0.\text{[アイ]} + \dfrac{\text{[キ]}\sqrt{\text{[ク]}}}{\text{[ケコサ]}}$ である。

[オ] の解答群

⓪ $\dfrac{9}{20000}$	① $\dfrac{\sqrt{2}}{200}$	② $\dfrac{3\sqrt{2}}{200}$	③ $\dfrac{3\sqrt{2}}{20}$

[カ] の解答群

⓪ $\dfrac{R - 0.\text{[アイ]}}{\left(\text{[オ]}\right)^2}$	① $\dfrac{R - \left(\text{[オ]}\right)^2}{0.\text{[アイ]}}$
② $\dfrac{R - 0.\text{[アイ]}}{\text{[オ]}}$	③ $\dfrac{R - \text{[オ]}}{0.\text{[アイ]}}$

（数学Ⅱ・数学B・数学C第５問は次ページに続く。）

(3) 工場Bで製造されるチョコレート１袋の重さは200 gから210 gの間に分布している。工場Bで製造されるチョコレート１袋の重さを表す確率変数をXとする。このとき，Xは連続型確率変数であり，Xのとりうる値xの範囲は$200 \leqq x \leqq 210$である。

工場Bのチェック担当の花子さんは，製品の重さのばらつきが気になり，重さが208 g以上の製品の割合を調べようと考えた。その方法として，Xの適当な確率密度関数$f(x)$を用いることにした。

工場Bで製造されたチョコレートから180袋を無作為に抽出し，重さを測ったところ標本平均は204 gであった。図１は，標本180袋のヒストグラムである。

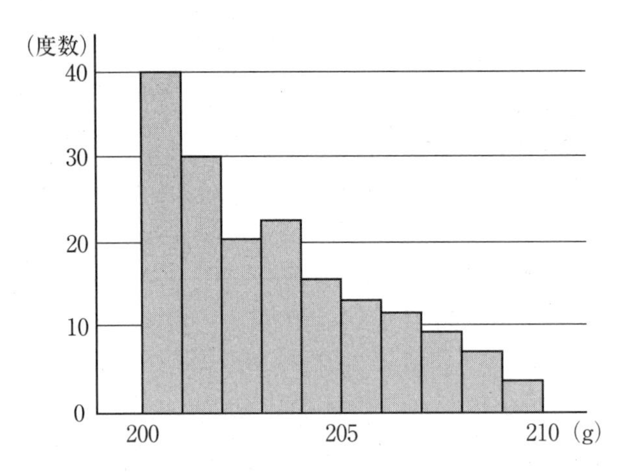

図１　チョコレートの重さのヒストグラム

花子さんは，このヒストグラムから，重さが増加すると度数がほぼ直線的に減少していることに注目し，Xの確率密度関数$f(x)$を，１次関数

$$f(x) = ax + b \quad (200 \leqq x \leqq 210)$$

と表されると仮定した。ただし，$200 \leqq x \leqq 210$の範囲で$f(x) \geqq 0$とする。

(数学Ⅱ・数学B・数学C第５問は次ページに続く。)

このとき，$P(200 \leqq X \leqq 210) =$ [シ] であることから

[スセソタ] $a+$ [チツ] $b=$ [シ] ……………………………… ①

となる。

花子さんは，確率変数 X の平均（期待値）

$$m=\int_{200}^{210} x f(x)\,dx$$

が標本平均 204 g と等しくなるように確率密度関数 $f(x)$ を考えることにした。

このとき

$$m=\frac{1261000}{3}a+\boxed{\text{スセソタ}}\,b=204$$ ……………………………… ②

となる。

①と②より，確率密度関数として

$f(x)=-0.012x+$ [テ].[トナ] ……………………………… ③

が得られる。

③の $f(x)$ は，$200 \leqq x \leqq 210$ の範囲で $f(x) \geqq 0$ であるから，花子さんが考えた確率密度関数 $f(x)$ は適当である。

したがって，花子さんの考えに基づくと，工場 B で製造されるチョコレートのうち，重さが 208 g 以上のものは [ニ] % あると考えられる。

[ニ] の解答群

⓪ 7.4	① 8.3	② 9.6	③ 10.4

（数学Ⅱ・数学B・数学C第５問は次ページに続く。）

正 規 分 布 表

次の表は，標準正規分布の分布曲線における右図の灰色部分の面積の値をまとめたものである。

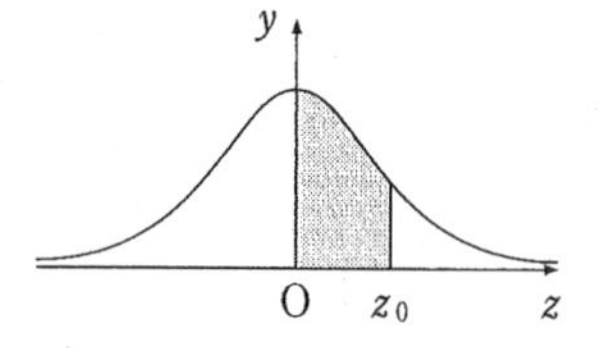

z_0	0.00	0.01	0.02	0.03	0.04	0.05	0.06	0.07	0.08	0.09
0.0	0.0000	0.0040	0.0080	0.0120	0.0160	0.0199	0.0239	0.0279	0.0319	0.0359
0.1	0.0398	0.0438	0.0478	0.0517	0.0557	0.0596	0.0636	0.0675	0.0714	0.0753
0.2	0.0793	0.0832	0.0871	0.0910	0.0948	0.0987	0.1026	0.1064	0.1103	0.1141
0.3	0.1179	0.1217	0.1255	0.1293	0.1331	0.1368	0.1406	0.1443	0.1480	0.1517
0.4	0.1554	0.1591	0.1628	0.1664	0.1700	0.1736	0.1772	0.1808	0.1844	0.1879
0.5	0.1915	0.1950	0.1985	0.2019	0.2054	0.2088	0.2123	0.2157	0.2190	0.2224
0.6	0.2257	0.2291	0.2324	0.2357	0.2389	0.2422	0.2454	0.2486	0.2517	0.2549
0.7	0.2580	0.2611	0.2642	0.2673	0.2704	0.2734	0.2764	0.2794	0.2823	0.2852
0.8	0.2881	0.2910	0.2939	0.2967	0.2995	0.3023	0.3051	0.3078	0.3106	0.3133
0.9	0.3159	0.3186	0.3212	0.3238	0.3264	0.3289	0.3315	0.3340	0.3365	0.3389
1.0	0.3413	0.3438	0.3461	0.3485	0.3508	0.3531	0.3554	0.3577	0.3599	0.3621
1.1	0.3643	0.3665	0.3686	0.3708	0.3729	0.3749	0.3770	0.3790	0.3810	0.3830
1.2	0.3849	0.3869	0.3888	0.3907	0.3925	0.3944	0.3962	0.3980	0.3997	0.4015
1.3	0.4032	0.4049	0.4066	0.4082	0.4099	0.4115	0.4131	0.4147	0.4162	0.4177
1.4	0.4192	0.4207	0.4222	0.4236	0.4251	0.4265	0.4279	0.4292	0.4306	0.4319
1.5	0.4332	0.4345	0.4357	0.4370	0.4382	0.4394	0.4406	0.4418	0.4429	0.4441
1.6	0.4452	0.4463	0.4474	0.4484	0.4495	0.4505	0.4515	0.4525	0.4535	0.4545
1.7	0.4554	0.4564	0.4573	0.4582	0.4591	0.4599	0.4608	0.4616	0.4625	0.4633
1.8	0.4641	0.4649	0.4656	0.4664	0.4671	0.4678	0.4686	0.4693	0.4699	0.4706
1.9	0.4713	0.4719	0.4726	0.4732	0.4738	0.4744	0.4750	0.4756	0.4761	0.4767
2.0	0.4772	0.4778	0.4783	0.4788	0.4793	0.4798	0.4803	0.4808	0.4812	0.4817
2.1	0.4821	0.4826	0.4830	0.4834	0.4838	0.4842	0.4846	0.4850	0.4854	0.4857
2.2	0.4861	0.4864	0.4868	0.4871	0.4875	0.4878	0.4881	0.4884	0.4887	0.4890
2.3	0.4893	0.4896	0.4898	0.4901	0.4904	0.4906	0.4909	0.4911	0.4913	0.4916
2.4	0.4918	0.4920	0.4922	0.4925	0.4927	0.4929	0.4931	0.4932	0.4934	0.4936
2.5	0.4938	0.4940	0.4941	0.4943	0.4945	0.4946	0.4948	0.4949	0.4951	0.4952
2.6	0.4953	0.4955	0.4956	0.4957	0.4959	0.4960	0.4961	0.4962	0.4963	0.4964
2.7	0.4965	0.4966	0.4967	0.4968	0.4969	0.4970	0.4971	0.4972	0.4973	0.4974
2.8	0.4974	0.4975	0.4976	0.4977	0.4977	0.4978	0.4979	0.4979	0.4980	0.4981
2.9	0.4981	0.4982	0.4982	0.4983	0.4984	0.4984	0.4985	0.4985	0.4986	0.4986
3.0	0.4987	0.4987	0.4987	0.4988	0.4988	0.4989	0.4989	0.4989	0.4990	0.4990

（下 書 き 用 紙）

第６問 （選択問題）（配点　16）

先生と太郎さんと花子さんは，立方体をその対角線に垂直な平面で切った断面について話している。

(1)

先生：右の図のような１辺の長さが１の立方体 OABC—DEFG があって，対角線 OF に垂直な平面で立方体を切ったときの断面について考えてみましょう。

太郎：平面の位置によって，断面の形は変わりそうですね。

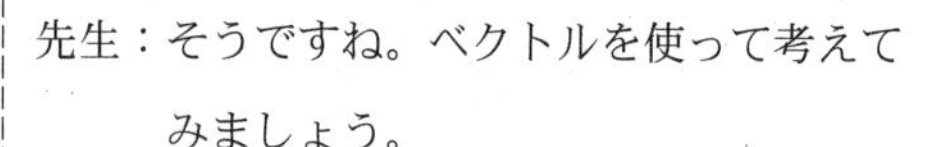

先生：そうですね。ベクトルを使って考えてみましょう。

$|\overrightarrow{OA}|=|\overrightarrow{OC}|=|\overrightarrow{OD}|=1$,

$\overrightarrow{OA}\cdot\overrightarrow{OC}=\overrightarrow{OC}\cdot\overrightarrow{OD}=\overrightarrow{OD}\cdot\overrightarrow{OA}=0$ ですね。では，$\overrightarrow{OF}$ を $\overrightarrow{OA}$，$\overrightarrow{OC}$，$\overrightarrow{OD}$ を使って表すとどうなりますか。

花子：$\overrightarrow{OF}=$ ［ア］ になります。

太郎：平面 ACD とベクトル $\overrightarrow{OF}$ は垂直になりそうだね。

花子：そのことを証明するためには，［イ］ がわかればいいね。

先生：その通り。△ACD の重心を N とすると，$\overrightarrow{ON}$ と $\overrightarrow{OF}$ はどんな関係になりますか。

太郎：$\overrightarrow{ON}=\dfrac{\boxed{ウ}}{\boxed{エ}}\overrightarrow{OF}$ になります。

先生：ところで，断面の形は三角形以外にどんな図形がありますか。

花子：［オ］ があります。

（数学Ⅱ・数学Ｂ・数学Ｃ第６問は次ページに続く。）

ア の解答群

⓪ $-\overrightarrow{OA}+\overrightarrow{OC}+\overrightarrow{OD}$	① $\overrightarrow{OA}-\overrightarrow{OC}+\overrightarrow{OD}$
② $\overrightarrow{OA}+\overrightarrow{OC}-\overrightarrow{OD}$	③ $\overrightarrow{OA}+\overrightarrow{OC}+\overrightarrow{OD}$

イ の解答群

⓪ $\overrightarrow{OF}\perp\overrightarrow{OA}$ かつ $\overrightarrow{OF}\perp\overrightarrow{OC}$	① $\overrightarrow{OF}\perp\overrightarrow{AC}$ かつ $\overrightarrow{OF}\perp\overrightarrow{AD}$
② $\overrightarrow{OF}\perp\overrightarrow{AE}$ かつ $\overrightarrow{OF}\perp\overrightarrow{CG}$	③ $\overrightarrow{OF}\perp\overrightarrow{EF}$ かつ $\overrightarrow{OF}\perp\overrightarrow{GF}$

オ の解答群

⓪ 正方形	① 正方形ではないひし形	② 五角形	③ 六角形

(2) △ACD を対角線 OF の周りに１回転した円を底面，頂点を O とする円錐の

体積は 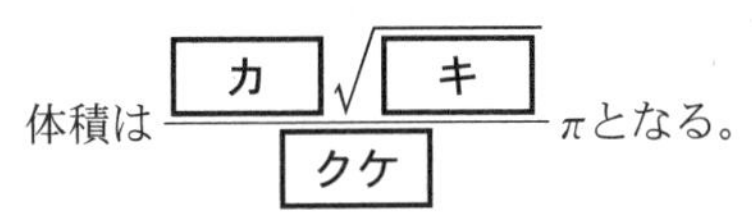 πとなる。

（数学Ⅱ・数学B・数学C 第６問は次ページに続く。）

(3) さらに，3人の会話が続いている。

先生：今度は，1辺の長さが1の立方体を斜めに押しつぶして，1辺の長さが1，$\angle \mathrm{AOC} = \angle \mathrm{AOD} = \angle \mathrm{COD} = \dfrac{\pi}{3}$ の平行六面体OABC―DEFGについて，対角線OFに垂直な平面で平行六面体を切ったときの断面について考えてみましょう。

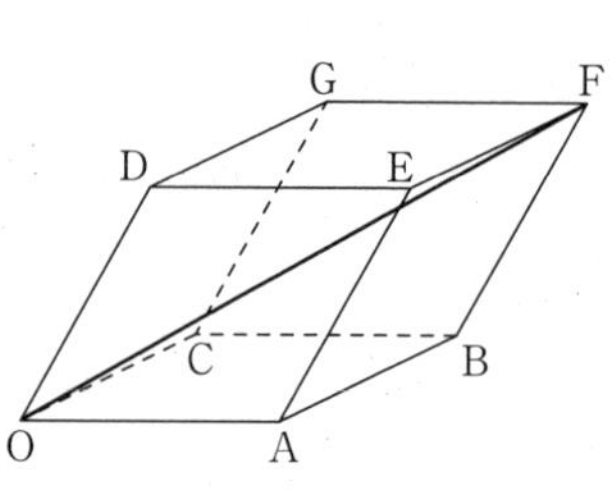

花子：立方体のときと同じように，$\left|\overrightarrow{\mathrm{OA}}\right| = \left|\overrightarrow{\mathrm{OC}}\right| = \left|\overrightarrow{\mathrm{OD}}\right| = 1$，

$\overrightarrow{\mathrm{OA}} \cdot \overrightarrow{\mathrm{OC}} = \overrightarrow{\mathrm{OC}} \cdot \overrightarrow{\mathrm{OD}} = \overrightarrow{\mathrm{OD}} \cdot \overrightarrow{\mathrm{OA}} = \dfrac{\boxed{\text{コ}}}{\boxed{\text{サ}}}$ をまず考えればいいですね。よって，$\left|\overrightarrow{\mathrm{OF}}\right| = \sqrt{\boxed{\text{シ}}}$ となります。

先生：対角線OF上に，$\left|\overrightarrow{\mathrm{OP}}\right| = t$ となる点Pをとると，点Pを通り対角線OFに垂直な平面で平行六面体を切った断面が ［オ］ となる t の値の範囲はどうなりますか。

太郎：断面が△ACDとなるときの t の値より大きな t でなければならないね。

花子：断面が△BEGとなるときの t の値も考える必要があるね。したがって，［ス］ になると思います。

先生：よくできました。それでは，断面が ［オ］ のとき，その図形を対角線OFの周りに1回転したときの円の面積はどうなりますか。

太郎：点Pを通り，対角線OFに垂直な平面と辺AEとの交点をHとすると，線分PHが円の半径になるよね。

花子：他の辺との交点を考えなくてもいいのかな。

先生：図形の対称性を考えればよいですね。

花子：それなら，$\overrightarrow{\mathrm{OF}} \perp \overrightarrow{\mathrm{PH}}$ から求められるね。

（数学Ⅱ・数学B・数学C第６問は次ページに続く。）

$\overrightarrow{AH} = s\overrightarrow{AE} = s\overrightarrow{OD}$　$(0 < s < 1)$ とおくと，$\overrightarrow{OH} = \overrightarrow{OA} + \overrightarrow{AH} = \overrightarrow{OA} + s\overrightarrow{OD}$，

$\overrightarrow{OP} =$ [セ] $\overrightarrow{OF}$であるから，$\overrightarrow{OF} \perp \overrightarrow{PH}$より

$$s = \frac{\sqrt{\boxed{ソ}}}{\boxed{タ}}t - \boxed{チ}$$

となる。

$|\overrightarrow{PH}|^2 = |\overrightarrow{OH}|^2 - |\overrightarrow{OP}|^2$ より，求める円の面積を t で表すと $\left(\boxed{ツ}\right)\pi$

となる。

[ス] の解答群

⓪ $\frac{1}{3} < t < \frac{2}{3}$	① $\frac{\sqrt{2}}{3} < t < \frac{2\sqrt{2}}{3}$
② $\frac{\sqrt{3}}{3} < t < \frac{2\sqrt{3}}{3}$	③ $\frac{\sqrt{6}}{3} < t < \frac{2\sqrt{6}}{3}$

[セ] の解答群

⓪ $\frac{t}{\sqrt{6}}$	① $\frac{t}{\sqrt{3}}$	② $\frac{t}{\sqrt{2}}$	③ t

[ツ] の解答群

⓪ $\frac{t^2}{2} - \frac{\sqrt{2}}{2}t + 1$	① $\frac{t^2}{2} + \frac{\sqrt{2}}{2}t + 1$	② $\frac{t^2}{2} - \frac{\sqrt{3}}{2}t + 1$
③ $\frac{t^2}{2} + \frac{\sqrt{3}}{2}t + 1$	④ $\frac{t^2}{2} - \frac{\sqrt{6}}{2}t + 1$	⑤ $\frac{t^2}{2} + \frac{\sqrt{6}}{2}t + 1$

第7問 (選択問題) (配点 16)

〔1〕 円 $C:(x-4)^2+y^2=4$ と外接し，y 軸に接する円 K の中心をPとし，点Pの描く軌跡について考える。

点Pは，座標平面の x 軸上および［ア］に存在する。

円 C の中心をC，円 K の半径を $r(>0)$ とし，点Pから y 軸に垂線PHを引くと，PH＝［イ］，PC＝［ウ］であり，点Pから直線 $x=$［エオ］に垂線PH′を引くと，PH′＝PCが成り立つ。

よって，求める点Pの軌跡は，準線の方程式が $x=$［エオ］，焦点の座標が（［カ］，［キ］）の放物線で，その方程式は，

$$y^2=\boxed{クケ}\left(x-\boxed{コ}\right)$$

である。

［ア］の解答群

⓪ 第1象限と第2象限	① 第1象限と第3象限
② 第1象限と第4象限	③ 第2象限と第3象限
④ 第2象限と第4象限	⑤ 第3象限と第4象限

［イ］，［ウ］の解答群（同じものを繰り返し選んでもよい。）

⓪ $r-4$	① $r-2$	② r	③ $r+2$	④ $r+4$

（数学Ⅱ・数学B・数学C第7問は次ページに続く。）

〔２〕 太郎さんと花子さんが，先生の出題した次の**問題**について話している。

> **問題** 方程式 $z^5=1$ の解を用いて，$\cos\frac{2}{5}\pi$ の値を求めよ。

太郎：まず，$z^5=1$ の解を求めよう。

$z=\cos\theta+i\sin\theta\quad(0\leqq\theta<2\pi)$ とおけるね。

花子：このとき，

$z^5=\cos$ サ $+i\sin$ サ ，$1=\cos$ シ $+i\sin$ シ

となるから，これを $z^5=1$ に代入すると，

$\cos$ サ $+i\sin$ サ $=\cos$ シ $+i\sin$ シ

になるね。

太郎：ということは，k を整数とするとき，θ は k を使って $\theta=$ ス

と表すことができるよ。

花子：$0\leqq\theta<2\pi$ だから，$k=0,\ 1,\ 2,\ 3,\ 4$ で，$k=1$ のときの解を

z_1 とすると，この z_1 が $\cos\frac{2}{5}\pi$ の値を求めるのに使えそうだね。

太郎：$z^5=1$ の方をもう少し考えてみようか。

$z^5-1=0$ を解いてみると，

$z^5-1=(z-1)(z^4+z^3+z^2+z+1)=0$ だ。

花子：$z=1$ は，z_1 にあてはまらないから，

$z^4+z^3+z^2+z+1=0$ を考えてみよう。

太郎：$z\neq0$ だから，$t=z+\frac{1}{z}$ とおき，この方程式を t についての方

程式に直すと， セ となるね。これを解くと，

$t=\dfrac{-\boxed{\text{ソ}}\pm\sqrt{\boxed{\text{タ}}}}{\boxed{\text{チ}}}$ となったよ。

（数学Ⅱ・数学Ｂ・数学Ｃ第７問は次ページに続く。）

花子：$|z_1|=1$ だから，$\dfrac{1}{z_1}=\overline{z_1}$ を使えないかな。

太郎：なるほど！ $\cos\dfrac{2}{5}\pi=\dfrac{-\boxed{\text{ツ}}+\sqrt{\boxed{\text{テ}}}}{\boxed{\text{ト}}}$ だね。

サ，シ の解答群

⓪ θ　① 2θ　② 3θ　③ 4θ　④ 5θ
⑤ 0　⑥ $\dfrac{\pi}{3}$　⑦ $\dfrac{\pi}{2}$　⑧ π

ス の解答群

⓪ $5k\pi$　① $\dfrac{5k\pi}{2}$　② $2k\pi$　③ $\dfrac{2k\pi}{5}$
④ $\dfrac{k\pi}{2}$　⑤ $\dfrac{k\pi}{5}$　⑥ $\dfrac{5\pi}{2k}$　⑦ $\dfrac{2\pi}{5k}$

セ の解答群

⓪ $t^2+t+1=0$　① $t^2+t-1=0$
② $t^2-t+1=0$　③ $t^2-t-1=0$
④ $t^2+t+2=0$　⑤ $t^2+t-2=0$
⑥ $t^2-t+2=0$　⑦ $t^2-t-2=0$

東進　共通テスト実戦問題集

第2回

数学Ⅱ・数学B・数学C

（100点　70分）

Ⅰ　注　意　事　項

1　解答用紙に，正しく記入・マークされていない場合は，採点できないことがあります。特に，解答用紙の**解答科目欄にマークされていない場合又は複数の科目にマークされている場合は，0点**となることがあります。

2　試験中に問題冊子の印刷不鮮明，ページの落丁・乱丁及び解答用紙の汚れ等に気付いた場合は，手を高く挙げて監督者に知らせなさい。

3　**選択問題については，いずれか3問を選択**し，その問題番号の解答欄に解答しなさい。

4　問題冊子の余白等は適宜利用してよいが，どのページも切り離してはいけません。

5　**不正行為について**

①　不正行為に対しては厳正に対処します。

②　不正行為に見えるような行為が見受けられた場合は，監督者がカードを用いて注意します。

③　不正行為を行った場合は，その時点で受験を取りやめさせ退室させます。

6　試験終了後，問題冊子は持ち帰りなさい。

Ⅱ　解答上の注意

1　解答上の注意は，p.4に記載してあります。必ず読みなさい。

数学Ⅱ・数学B・数学C

問　題	選　択　方　法
第1問	必　　答
第2問	必　　答
第3問	必　　答
第4問	いずれか3問を選択し，解答しなさい。
第5問	
第6問	
第7問	

（下 書 き 用 紙）

第１問 （必答問題）（配点 15）

太郎さんと花子さんは，次の**問題**について話している。

問題 $0 \leqq x < \pi$ のとき，方程式

$$\sin\left(x + \frac{7}{36}\pi\right) + \sin\left(\frac{11}{36}\pi - x\right) = 1 \quad \cdots\cdots ①$$

を満たす x の値を求めよ。

(1)

太郎：三角関数の合成ができるように，sin と cos の式に変形したいね。

花子：sin を cos に直す公式を習ったことがあったよ。

太郎：公式 $\sin\theta = \cos\left(\boxed{\text{ア}}\right)$ だね。

花子：それを使えば，①は $\sqrt{\boxed{\text{イ}}}\sin\left(x + \frac{\boxed{\text{ウ}}}{\boxed{\text{エ}}}\pi\right) = 1$ となるよ。

太郎：これで x の値は求まるね。

ア の解答群

⓪ $\theta + \frac{\pi}{2}$　① $\frac{\pi}{2} - \theta$　② $\theta + \pi$　③ $\pi - \theta$

（数学Ⅱ・数学B・数学C第１問は次ページに続く。）

(2) 引き続き，2人が話している。

花子：三角関数の合成以外にも解法はあるよ。三角関数の和を積に直せばいいね。

太郎：和を積に直す公式は，三角関数の加法定理から導けるね。

花子：$\sin(\alpha+\beta)+\sin(\alpha-\beta)=$ オ となり，

$\alpha+\beta=A$，$\alpha-\beta=B$ とおいて求めたよ。

太郎：$\sin A+\sin B=$ カ となるね。

花子：それを使えば，①は $\sqrt{\boxed{キ}}\cos\left(x-\dfrac{\pi}{\boxed{クケ}}\right)=1$ となるよ。

太郎：この解は $x=\dfrac{\boxed{コサ}}{\boxed{シス}}\pi$ となって，どちらで解いても解が一致したね。

オ の解答群

⓪ $2\sin\alpha\sin\beta$　① $2\cos\alpha\cos\beta$

② $2\sin\alpha\cos\beta$　③ $2\cos\alpha\sin\beta$

カ の解答群

⓪ $2\sin\dfrac{A+B}{2}\sin\dfrac{A-B}{2}$　① $2\sin\dfrac{A+B}{2}\cos\dfrac{A-B}{2}$

② $2\cos\dfrac{A+B}{2}\sin\dfrac{A-B}{2}$　③ $2\cos\dfrac{A+B}{2}\cos\dfrac{A-B}{2}$

第2問 (必答問題) (配点 15)

連立不等式

$$\begin{cases} (\log_2 x)^2 + (\log_2 y)^2 \leqq 4\log_2 x + 4\log_2 y & \cdots\cdots ① \\ 0 < x \leqq y & \cdots\cdots ② \end{cases}$$

で表される領域を D とおく。

以下では，$u = \log_2 x$，$v = \log_2 y$ とする。

(1) 領域 D を uv 平面に図示すると ［ア］ の網目部分となる。ただし，境界上の点を含む。

［ア］ については，最も適当なものを，次の⓪～⑦のうちから1つ選べ。

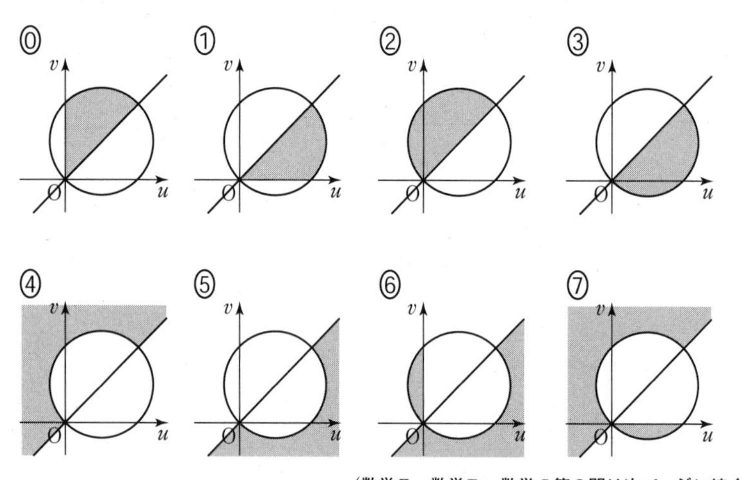

(数学Ⅱ・数学B・数学C第2問は次ページに続く。)

(2) 領域 D 内の点 $(x,\ y)$ について，xy^2 の最大値は［イ］となる。

［イ］の解答群

⓪ 8	① 16	② $\log_2(6+2\sqrt{10})$
③ $\log_2(2\sqrt{10}-6)$	④ $6+2\sqrt{10}$	⑤ $6-2\sqrt{10}$
⑥ $2^{6+2\sqrt{10}}$	⑦ $2^{6-2\sqrt{10}}$	

(3) 領域 D 内の点 $(x,\ y)$ のうち，$x,\ y$ が $x=2^m$，$y=2^n$（$m,\ n$ は0以上の整数）であるとき，xy^2 は $x=$［ウエ］，$y=$［オカ］で最大値［キクケコ］をとる。

第３問 （必答問題）（配点　22）

〔1〕 aを実数の定数とし，

$$g(x)=\int_a^x f(t)\,dt=\frac{1}{3}x^3-2x-3 \quad \cdots\cdots ①$$

とおく。

(1) 定数aの値は［ア］である。

(2) $g'(x)=$［イ］であり，$f(x)=x^{［ウ］}-$［エ］となる。

［イ］の解答群

⓪ $f'(t)-f'(a)$	① $f'(t)$	② $f(t)-f(a)$	③ $f(t)$
④ $f'(x)-f'(a)$	⑤ $f'(x)$	⑥ $f(x)-f(a)$	⑦ $f(x)$

（数学Ⅱ・数学B・数学C第３問は次ページに続く。）

⑶ 関数 $g(x)$ は極大値と極小値をもつ。このとき，極大値と極小値の差は

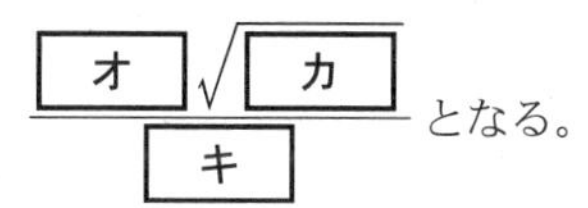
となる。

⑷ $p > a$ とする。関数 $y = f(x)$ のグラフと２直線 $x = a$，$x = p$ および x 軸で囲まれる部分の面積を S_1，関数 $y = f(x)$ のグラフと２直線 $x = 2$，$x = a$ および x 軸で囲まれる部分の面積を S_2 とすると，$S_1 = \frac{31}{13}S_2$ が成り立つ。

このとき，p の値は ［ク］ である。

（数学Ⅱ・数学B・数学C第３問は次ページに続く。）

〔2〕 k を実数の定数とする。x についての3次方程式

$$x^3 - 7x^2 + k = 0 \qquad \cdots\cdots\cdots\cdots ①$$

の実数解について考える。

$f(x) = -x^3 + 7x^2$ とおくと，①の実数解は $y = f(x)$ のグラフと直線 $y = k$ との共有点の x 座標である。

したがって，$y = f(x)$ のグラフの概形を知るため，$f(x)$ の極大値，極小値を求めると

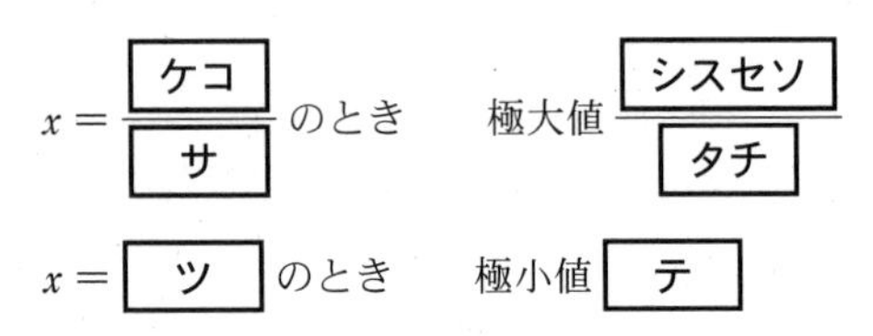

$x = \dfrac{\boxed{\text{ケコ}}}{\boxed{\text{サ}}}$ のとき　極大値 $\dfrac{\boxed{\text{シスセソ}}}{\boxed{\text{タチ}}}$

$x = \boxed{\text{ツ}}$ のとき　極小値 $\boxed{\text{テ}}$

とわかる。

(1) ①が異なる3つの実数解 α，β，γ $(\alpha < \beta < \gamma)$ をもつとする。

$$-2 < \alpha,\ 1 < \beta,\ 6 < \gamma$$

となる定数 k の値の範囲は

$$\boxed{\text{ト}} < k < \boxed{\text{ナニ}}$$

である。

（数学Ⅱ・数学B・数学C第3問は次ページに続く。）

(2)　①が異なる３つの整数解をもつときを考える。

$x=$ ツ と $x=\dfrac{\boxed{ケコ}}{\boxed{サ}}$ の間に整数は **ヌ** 個あることを利用すると，①が異なる３つの整数解をもつのは $k=$ **ネノ** のときであり，このときの整数解は **ハヒ** ，**フ** ，**ヘ** である。ただし

フ $<$ ヘ とする。

第４問 （選択問題）（配点　16）

数列 $\{a_n\}$，$\{b_n\}$ が次の式で定義されている。

$$\begin{cases} a_1 = \dfrac{5}{2} \\ b_1 = \dfrac{1}{2} \end{cases}$$

$$\begin{cases} a_{n+1} = 2a_n + b_n + 1 & \cdots\cdots ① \\ b_{n+1} = a_n + 2b_n - 1 & \cdots\cdots ② \end{cases}$$

(1)　$a_2 = \dfrac{\boxed{アイ}}{\boxed{ウ}}$，$b_2 = \dfrac{\boxed{エ}}{\boxed{オ}}$ である。

（数学Ⅱ・数学Ｂ・数学Ｃ第４問は次ページに続く。）

(2) 数列 $\{a_n\}$，$\{b_n\}$ の一般項について考える。

①＋②より

$$a_{n+1}+b_{n+1}=3(a_n+b_n)$$

となる。

これより，数列 $\{a_n+b_n\}$ は初項 [カ]，公比 [キ] の等比数列であるので

$$a_n+b_n=\boxed{ク}^{\boxed{ケ}} \quad \cdots\cdots③$$

となる。

また，①－②より

$$a_{n+1}-b_{n+1}=a_n-b_n+2$$

となる。

これより，数列 $\{a_n-b_n\}$ は初項 [コ]，公差 [サ] の等差数列であるので

$$a_n-b_n=\boxed{シ} \quad \cdots\cdots④$$

となる。③，④から a_n，b_n を求めることができる。

[ケ]，[シ] の解答群（同じものを繰り返し選んでもよい。）

⓪ $n-2$	① $n-1$	② n	③ $n+1$
④ $n+2$	⑤ $2n$	⑥ $3n$	⑦ $n(n+1)$

（数学Ⅱ・数学B・数学C第４問は次ページに続く。）

(3) $T=\sum_{k=1}^{n} k\cdot 3^k$ について考える。

T は整数 i を用いて

$$T=\sum_{k=1}^{n} k\cdot 3^k=\sum_{i=\boxed{セ}}^{\boxed{ス}}(i-1)\cdot 3^{i-1}$$

と表されるから

$$3T=\sum_{i=\boxed{セ}}^{\boxed{ス}}(i-1)\cdot 3^{i}=\left\{T-\boxed{ソ}+\boxed{タ}\right\}-\sum_{i=\boxed{セ}}^{\boxed{ス}}3^{i}$$

となる。

よって

$$T=\frac{\boxed{チ}}{\boxed{ツ}}\left\{\left(\boxed{テ}n-\boxed{ト}\right)\cdot\boxed{ナ}^{\,n}+1\right\}$$

である。

$S_n=\sum_{k=1}^{n}(a_k^2-b_k^2)$ とおくと，S_n は T を用いて

$$S_n=\boxed{ニ}\,T$$

と表される。

(数学Ⅱ・数学B・数学C第４問は次ページに続く。)

ス の解答群

⓪ $n-1$　① n　② $n+1$　③ $n+2$

タ の解答群

⓪ $(n-1)\cdot 3^n$　① $n\cdot 3^n$　② $(n+1)\cdot 3^n$　③ $(n+2)\cdot 3^n$
④ $(n-1)\cdot 3^{n+1}$　⑤ $n\cdot 3^{n+1}$　⑥ $(n+1)\cdot 3^{n+1}$　⑦ $(n+2)\cdot 3^{n+1}$

第5問 （選択問題）（配点 16）

以下の問題を解答にするにあたっては，必要に応じて54ページの正規分布表を用いてもよい。

ある会社ではいちごジャムのパックを大量に製造している。

この会社では，原料であるいちごの選別検査といちごジャムの内容量のチェックを定期的に行っている。

(1) いちごの選別検査により，変色等のある不良品が3%含まれることが過去のデータからわかっている。今日，大量に入荷されたいちごの中から無作為に500個を抽出し，選別検査を行った。その中に含まれる不良品の個数を表す確率変数を X とすると，二項分布 $B\left(500,\ 0.\boxed{\text{アイ}}\right)$ に従い，X の平均（期待値）は $\boxed{\text{ウエ}}$ である。

（数学Ⅱ・数学B・数学C第5問は次ページに続く。）

(2) いちごジャムの１パックあたりの内容量の母平均は 121 g，母標準偏差が 7.5 g であることが過去のデータからわかっている。製品管理のため無作為に 100 個のパックを抽出し，１パックあたりの内容量を調べたところ平均は 122.5 g，標準偏差が 7.5 g であった。このとき，「抽出した 100 個のパックの１パックあたりの内容量の平均が，過去のデータの平均と異なる」と判断してよいかを，有意水準 5% で仮説検定をする。

無作為抽出した 100 個のパックについて，１パックあたりの内容量の平均を表す確率変数を $\overline{Y}$ とする。ここで，「抽出した 100 個のパックの１パックあたりの内容量の平均は 121 g である」という帰無仮説を立て，それが正しいとする。

標本の大きさは十分に大きいと考えると，$\overline{Y}$ は近似的に正規分布 [オ] に従うから，$Z = \dfrac{\overline{Y} - \boxed{カキク}}{0.\boxed{ケコ}}$ とおくと，確率変数 Z は近似的に標準正規分布 $N(\boxed{サ}, \boxed{シ})$ に従う。

確率 $P(-\boxed{ス} \leqq Z \leqq \boxed{ス}) \fallingdotseq 0.95$ であるから，有意水準 5% の棄却域は $Z \leqq -\boxed{ス}$，$\boxed{ス} \leqq Z$ である。

$\overline{Y} = 122.5$ のとき $Z = \boxed{セ}$ であり，この値は棄却域に入るから，帰無仮説は棄却される。したがって，[ソ]。

（数学Ⅱ・数学Ｂ・数学Ｃ第５問は次ページに続く。）

オ の解答群

⓪ $N(121,\ 7.5)$	① $N(121,\ 7.5^2)$
② $N\left(121,\ \dfrac{7.5}{100}\right)$	③ $N\left(121,\ \dfrac{7.5^2}{100}\right)$

ス の解答群

⓪ 1.64	① 1.96	② 2.33	③ 2.58

ソ の解答群

⓪ 抽出した 100 個のパックの１パックあたりの内容量の平均が，過去のデータの平均と異なると判断してよい

① 抽出した 100 個のパックの１パックあたりの内容量の平均が，過去のデータの平均と異なるとは判断できない

（数学Ⅱ・数学B・数学C第５問は次ページに続く。）

(3)　確率変数 Z_1 が標準正規分布 $N\left(\boxed{\text{サ}},\ \boxed{\text{シ}}\right)$ に従うとき，

$$P\left(-\boxed{\text{タ}} \leqq Z_1 \leqq \boxed{\text{タ}}\right) \fallingdotseq 0.99$$

である。

よって，(2)の仮説検定において，標本の大きさ（つまり，いちごジャムのパックの数）を 100 から n に変更するとき（$n \geqq 100$），標本平均 $\overline{Y}=122.5$ が有意水準 1％の棄却域に含まれるようにするには，n の値を $\boxed{\text{チ}}$ 以上とすればよい。

$\boxed{\text{タ}}$ の解答群

⓪　1.64	①　1.96	②　2.33	③　2.58

$\boxed{\text{チ}}$ の解答群

⓪　132	①　157	②　160	③　167

（数学Ⅱ・数学B・数学C第５問は次ページに続く。）

正 規 分 布 表

次の表は，標準正規分布の分布曲線における右図の灰色部分の面積の値をまとめたものである。

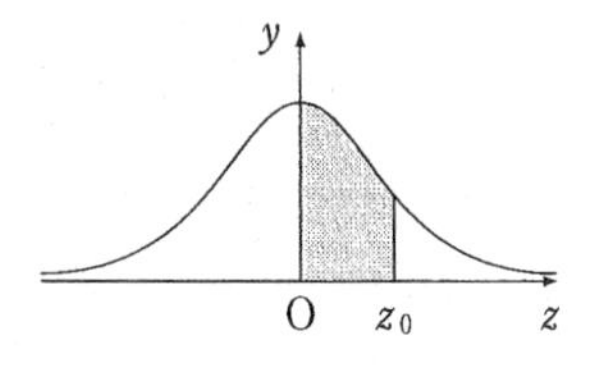

z_0	0.00	0.01	0.02	0.03	0.04	0.05	0.06	0.07	0.08	0.09
0.0	0.0000	0.0040	0.0080	0.0120	0.0160	0.0199	0.0239	0.0279	0.0319	0.0359
0.1	0.0398	0.0438	0.0478	0.0517	0.0557	0.0596	0.0636	0.0675	0.0714	0.0753
0.2	0.0793	0.0832	0.0871	0.0910	0.0948	0.0987	0.1026	0.1064	0.1103	0.1141
0.3	0.1179	0.1217	0.1255	0.1293	0.1331	0.1368	0.1406	0.1443	0.1480	0.1517
0.4	0.1554	0.1591	0.1628	0.1664	0.1700	0.1736	0.1772	0.1808	0.1844	0.1879
0.5	0.1915	0.1950	0.1985	0.2019	0.2054	0.2088	0.2123	0.2157	0.2190	0.2224
0.6	0.2257	0.2291	0.2324	0.2357	0.2389	0.2422	0.2454	0.2486	0.2517	0.2549
0.7	0.2580	0.2611	0.2642	0.2673	0.2704	0.2734	0.2764	0.2794	0.2823	0.2852
0.8	0.2881	0.2910	0.2939	0.2967	0.2995	0.3023	0.3051	0.3078	0.3106	0.3133
0.9	0.3159	0.3186	0.3212	0.3238	0.3264	0.3289	0.3315	0.3340	0.3365	0.3389
1.0	0.3413	0.3438	0.3461	0.3485	0.3508	0.3531	0.3554	0.3577	0.3599	0.3621
1.1	0.3643	0.3665	0.3686	0.3708	0.3729	0.3749	0.3770	0.3790	0.3810	0.3830
1.2	0.3849	0.3869	0.3888	0.3907	0.3925	0.3944	0.3962	0.3980	0.3997	0.4015
1.3	0.4032	0.4049	0.4066	0.4082	0.4099	0.4115	0.4131	0.4147	0.4162	0.4177
1.4	0.4192	0.4207	0.4222	0.4236	0.4251	0.4265	0.4279	0.4292	0.4306	0.4319
1.5	0.4332	0.4345	0.4357	0.4370	0.4382	0.4394	0.4406	0.4418	0.4429	0.4441
1.6	0.4452	0.4463	0.4474	0.4484	0.4495	0.4505	0.4515	0.4525	0.4535	0.4545
1.7	0.4554	0.4564	0.4573	0.4582	0.4591	0.4599	0.4608	0.4616	0.4625	0.4633
1.8	0.4641	0.4649	0.4656	0.4664	0.4671	0.4678	0.4686	0.4693	0.4699	0.4706
1.9	0.4713	0.4719	0.4726	0.4732	0.4738	0.4744	0.4750	0.4756	0.4761	0.4767
2.0	0.4772	0.4778	0.4783	0.4788	0.4793	0.4798	0.4803	0.4808	0.4812	0.4817
2.1	0.4821	0.4826	0.4830	0.4834	0.4838	0.4842	0.4846	0.4850	0.4854	0.4857
2.2	0.4861	0.4864	0.4868	0.4871	0.4875	0.4878	0.4881	0.4884	0.4887	0.4890
2.3	0.4893	0.4896	0.4898	0.4901	0.4904	0.4906	0.4909	0.4911	0.4913	0.4916
2.4	0.4918	0.4920	0.4922	0.4925	0.4927	0.4929	0.4931	0.4932	0.4934	0.4936
2.5	0.4938	0.4940	0.4941	0.4943	0.4945	0.4946	0.4948	0.4949	0.4951	0.4952
2.6	0.4953	0.4955	0.4956	0.4957	0.4959	0.4960	0.4961	0.4962	0.4963	0.4964
2.7	0.4965	0.4966	0.4967	0.4968	0.4969	0.4970	0.4971	0.4972	0.4973	0.4974
2.8	0.4974	0.4975	0.4976	0.4977	0.4977	0.4978	0.4979	0.4979	0.4980	0.4981
2.9	0.4981	0.4982	0.4982	0.4983	0.4984	0.4984	0.4985	0.4985	0.4986	0.4986
3.0	0.4987	0.4987	0.4987	0.4988	0.4988	0.4989	0.4989	0.4989	0.4990	0.4990

（下 書 き 用 紙）

第６問 （選択問題）（配点 16）

右の図のような OA ＝ OB ＝ 3，AB ＝ 2 の四面体 OABC があり，4 つの面はすべて合同である。また，$\overrightarrow{OA}=\vec{a}$，$\overrightarrow{OB}=\vec{b}$，$\overrightarrow{OC}=\vec{c}$ とする。

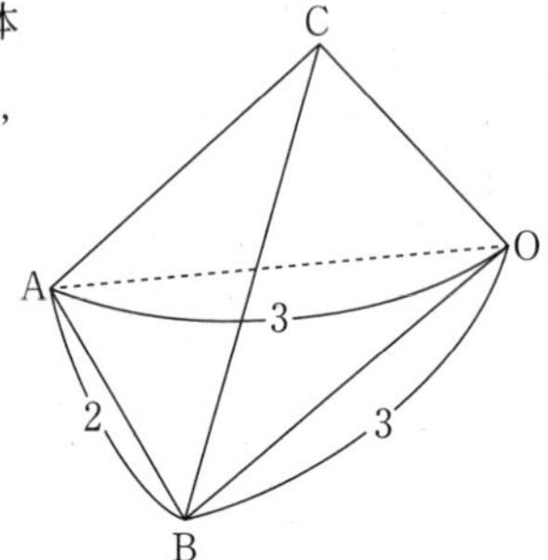

(1) 辺 AB の中点を M としたとき

$$\overrightarrow{OM}=\frac{\boxed{ア}}{\boxed{イ}}(\vec{a}+\vec{b})$$

と表される。

点 C から平面 OAB に垂線 CH を下ろし，k を実数とすると，$\overrightarrow{OH}$ は $\vec{a}$，$\vec{b}$ を用いて

$$\overrightarrow{OH}=k\overrightarrow{OM}=\frac{\boxed{ア}}{\boxed{イ}}k(\vec{a}+\vec{b})$$

と表される。

$\overrightarrow{CH}\perp\vec{a}$ かつ $\overrightarrow{CH}\perp\vec{b}$，$\vec{a}\cdot\vec{b}=\boxed{ウ}$，$\vec{b}\cdot\vec{c}=\vec{c}\cdot\vec{a}=\boxed{エ}$ であることから

$$k=\frac{\boxed{オ}}{\boxed{カ}}$$

とわかる。これより

$$|\overrightarrow{CH}|=\frac{\sqrt{\boxed{キク}}}{\boxed{ケ}}$$

である。

（数学Ⅱ・数学B・数学C第６問は次ページに続く。）

(2)　四面体 OABC のすべての面に接する球の中心を I，半径を r とする。

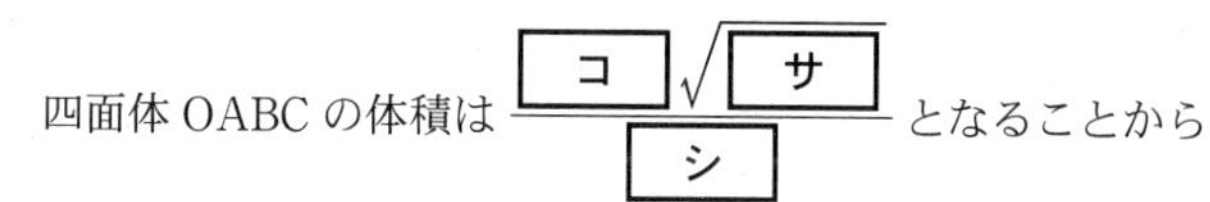

四面体 OABC の体積は $\dfrac{\boxed{\text{コ}}\sqrt{\boxed{\text{サ}}}}{\boxed{\text{シ}}}$ となることから

$$r=\frac{\sqrt{\boxed{\text{スセ}}}}{\boxed{\text{ソ}}}$$

を得る。

四面体 OABC は平面 OCM に関して対称であるから，ℓ，m を定数として $\overrightarrow{\mathrm{OI}}=\ell(\vec{a}+\vec{b})+m\vec{c}$ とおける。

球の中心 I から平面 OAB に垂線 IL を下ろすと

$$\overrightarrow{\mathrm{IL}}=\frac{\boxed{\text{タ}}}{\boxed{\text{チ}}}\overrightarrow{\mathrm{CH}}$$

であることから，

$$\overrightarrow{\mathrm{OL}}=\left(\ell+\boxed{\boxed{\text{ツ}}}\right)(\vec{a}+\vec{b})+\left(m-\boxed{\boxed{\text{テ}}}\right)\vec{c}$$

と表される。

点 L は平面 OAB 上にあることから

$$m=\frac{\boxed{\text{ト}}}{\boxed{\text{ナ}}}$$

となる。

$\boxed{\boxed{\text{ツ}}}$，$\boxed{\boxed{\text{テ}}}$ の解答群（同じものを繰り返し選んでもよい。）

⓪ $\frac{1}{2}$	① $\frac{1}{3}$	② $\frac{2}{3}$	③ $\frac{1}{4}$	④ $\frac{3}{4}$
⑤ $\frac{1}{5}$	⑥ $\frac{1}{8}$	⑦ $\frac{1}{16}$	⑧ $\frac{1}{32}$	⑨ $\frac{1}{64}$

（数学Ⅱ・数学B・数学C第６問は次ページに続く。）

さらに，点 A から平面 OBC に垂線 AH′を下ろすと

$$\overrightarrow{\mathrm{AH'}} = -\vec{a} + \frac{3}{4}\vec{b} + \frac{1}{8}\vec{c}$$

となる。

球の中心 I から平面 OBC に垂線 IN を下ろすと, $\overrightarrow{\mathrm{IN}} = \dfrac{\boxed{\text{タ}}}{\boxed{\text{チ}}}\overrightarrow{\mathrm{AH'}}$ であり,

点 N は平面 OBC 上にあることから

$$\ell = \frac{\boxed{\text{ニ}}}{\boxed{\text{ヌ}}}$$

を得る。

（下 書 き 用 紙）

第７問 （選択問題）（配点 16）

複素数平面上において，虚部が正である複素数α，βを表す点をそれぞれ A，B とし，点 A，B と原点 O に関して対称な点をそれぞれ C，D とする。

このとき，複素数平面上の点や図形について考える。

(1) 点 C が表す複素数は［ア］であり，点 B が虚軸上にあるとき，［イ］が成り立つ。さらに，$\beta = -\alpha^2$ と表されるとき，点 D を表す複素数の実部は，［ウ］である。

［ア］の解答群

⓪ $\overline{\alpha}$	① $-\alpha$	② $i\alpha$	③ $\dfrac{1}{\alpha}$	④ $\dfrac{1}{\overline{\alpha}}$

［イ］の解答群

⓪ $\overline{\beta} = \beta$	① $\overline{\beta} = -\beta$	② $\overline{\beta} = i\beta$
③ $\overline{\beta} = \dfrac{1}{\beta}$	④ $\overline{\beta} = -\dfrac{1}{\beta}$	

［ウ］の解答群

⓪ $\dfrac{\alpha^2}{2}$	① $\dfrac{\beta}{2}$	② $\dfrac{\alpha^2 + \beta}{2}$
③ $\dfrac{\alpha^2 + \overline{\alpha}^2}{2}$	④ $\dfrac{\alpha^2 - \overline{\alpha}^2}{2i}$	

（数学Ⅱ・数学B・数学C第７問は次ページに続く。）

(2) $\alpha = 3 + 4i$ として，次の図形について考える。

(i) 四角形 ABCD はひし形で，面積は 25 であった。

$$|\alpha| = \boxed{エ},\quad |\beta| = \frac{\boxed{オ}}{\boxed{カ}}$$

であり

$$\beta = \boxed{キク} + \frac{\boxed{ケ}}{\boxed{コ}}i$$

である。

(ii) 四角形 ABCD が正方形のとき

$$\beta = \boxed{サシ} + \boxed{ス}\,i$$

である。

また，△ABX が正三角形となるとき，点 X が表す複素数 γ は

$$\gamma = \frac{\boxed{セソ} + \sqrt{\boxed{タ}}}{\boxed{チ}} + \frac{\boxed{ツ} - \boxed{テ}\sqrt{\boxed{ト}}}{\boxed{ナ}}i,$$

$$\frac{\boxed{セソ} - \sqrt{\boxed{タ}}}{\boxed{チ}} + \frac{\boxed{ツ} + \boxed{テ}\sqrt{\boxed{ト}}}{\boxed{ナ}}i$$

の 2 つである。

（下 書 き 用 紙）

第3回

数学Ⅱ・数学B・数学C

（100点　70分）

Ⅰ　注　意　事　項

1　解答用紙に，正しく記入・マークされていない場合は，採点できないことがあります。特に，解答用紙の**解答科目欄にマークされていない場合又は複数の科目にマークされている場合は，0点**となることがあります。

2　試験中に問題冊子の印刷不鮮明，ページの落丁･乱丁及び解答用紙の汚れ等に気付いた場合は，手を高く挙げて監督者に知らせなさい。

3　**選択問題については，いずれか3問を選択**し，その問題番号の解答欄に解答しなさい。

4　問題冊子の余白等は適宜利用してよいが，どのページも切り離してはいけません。

5　**不正行為について**

①　不正行為に対しては厳正に対処します。

②　不正行為に見えるような行為が見受けられた場合は，監督者がカードを用いて注意します。

③　不正行為を行った場合は，その時点で受験を取りやめさせ退室させます。

6　試験終了後，問題冊子は持ち帰りなさい。

Ⅱ　解答上の注意

1　解答上の注意は，p.4に記載してあります。必ず読みなさい。

数学Ⅱ・数学Ｂ・数学Ｃ

問　題	選　択　方　法
第１問	必　　答
第２問	必　　答
第３問	必　　答
第４問	いずれか３問を選択し，解答しなさい。
第５問	
第６問	
第７問	

（下 書 き 用 紙）

第１問 （必答問題）（配点 15）

太郎さんと花子さんは，次の**問題**について話している。

> **問題** $0 \leqq x < 2\pi$ のとき，$y = 4\sin 2x + 3\cos 2x$ の最大値とそのときの $\sin x$ の値を求めよ。

（数学Ⅱ・数学Ｂ・数学Ｃ第１問は次ページに続く。）

太郎：三角関数の合成を行うと，$0 \leqq \alpha < 2\pi$ となる α を用いて，

$y = \boxed{ア}\sin(2x + \alpha)$ と表されるね。

ここで，α は $\sin\alpha = \dfrac{\boxed{イ}}{\boxed{ウ}}$，$\cos\alpha = \dfrac{\boxed{エ}}{\boxed{オ}}$ を満たす角だね。

花子：α の値の範囲は $\boxed{カ}$ になるね。

太郎：それなら，$x = \dfrac{\pi}{\boxed{キ}} - \dfrac{\alpha}{2}$ と $x = \dfrac{\boxed{ク}}{\boxed{ケ}}\pi - \dfrac{\alpha}{2}$ のとき，y は

最大値 $\boxed{ア}$ になることがわかるね。

花子：でも，そのときの $\sin x$ の値はどうやって求めるのかな。

太郎：まず，$\sin^2\dfrac{\alpha}{2}$，$\cos^2\dfrac{\alpha}{2}$ の値を求めると $\boxed{コ}$ になるよね。

花子：α の値の範囲から，$\sin\dfrac{\alpha}{2}$，$\cos\dfrac{\alpha}{2}$ の値は求められるね。

太郎：あとは加法定理を用いて，

$x = \dfrac{\pi}{\boxed{キ}} - \dfrac{\alpha}{2}$ のとき，$\sin x = \dfrac{\sqrt{\boxed{サ}}}{\boxed{シ}}$，

$x = \dfrac{\boxed{ク}}{\boxed{ケ}}\pi - \dfrac{\alpha}{2}$ のとき，$\sin x = -\dfrac{\sqrt{\boxed{サ}}}{\boxed{シ}}$ と求まるね。

（数学Ⅱ・数学B・数学C第1問は次ページに続く。）

カ の解答群

⓪ $0 < \alpha < \frac{\pi}{4}$　① $\frac{\pi}{4} < \alpha < \frac{\pi}{2}$　② $\frac{\pi}{2} < \alpha < \pi$

③ $\pi < \alpha < \frac{3}{2}\pi$　④ $\frac{3}{2}\pi < \alpha < 2\pi$

コ については，$\sin^2\frac{\alpha}{2}$ と $\cos^2\frac{\alpha}{2}$ の値の組合せとして，最も適当なものを，次の⓪～③のうちから1つ選べ。

	⓪	①	②	③
$\sin^2\frac{\alpha}{2}$	$\frac{1}{5}$	$\frac{4}{5}$	$\frac{1}{10}$	$\frac{9}{10}$
$\cos^2\frac{\alpha}{2}$	$\frac{4}{5}$	$\frac{1}{5}$	$\frac{9}{10}$	$\frac{1}{10}$

（下 書 き 用 紙）

第２問 （必答問題）（配点　15）

〔1〕 地震の規模を表すのにマグニチュードが用いられる。マグニチュードを M, 地震の発するエネルギーを E（ジュール）とすると，これらの関係は次の式で表される。

$$\log_{10} E = 4.8 + 1.5M$$

(1) 地震の発するエネルギーが $10^{7.5}$ ジュールを超えるのは，マグニチュードが [ア].[イ] より大きいときである。

(2) マグニチュードが３大きくなると，地震の発するエネルギーは [ウ] 倍になる。

[ウ] の解答群

⓪ 3　① 4.5　② 9.3　③ 10^3　④ $10^{4.5}$　⑤ $10^{4.8}$

(3) マグニチュード 2.6 の地震の発するエネルギーを E_1 とすると

$$\boxed{エ} \times 10^{\boxed{オ}} < E_1 < \left(\boxed{エ} + 1\right) \times 10^{\boxed{オ}}$$

が成り立つ。ただし，$\log_{10} 2 = 0.3010$，$\log_{10} 3 = 0.4771$ とする。

（数学Ⅱ・数学Ｂ・数学Ｃ第２問は次ページに続く。）

〔２〕 円 $C: x^2 + y^2 = 9$ に，C の外部の点 P(8, 6) から接線を２本引き，その接点を A(a_1, a_2)，B(b_1, b_2) とする。

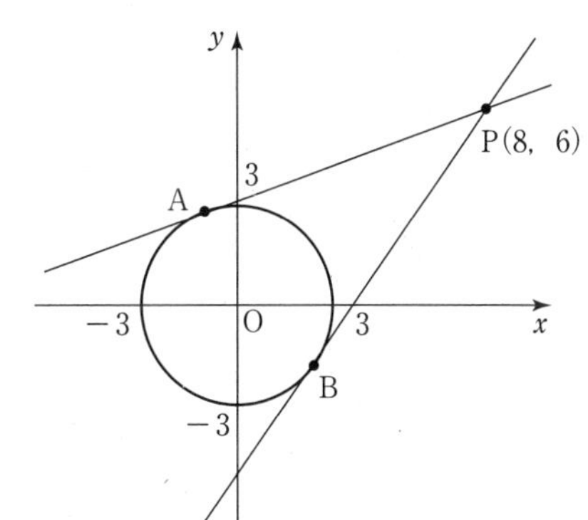

点Aにおける接線の方程式は［カ］と表される。点 P(8, 6) はこの直線上の点であるから

［キ］a_1 ＋［ク］a_2 ＝［ケ］

が成立する。同様に，点Bにおける接線上に点Pがあることから

［キ］b_1 ＋［ク］b_2 ＝［ケ］

が成立する。以上より，直線 AB の方程式は

［コ］x ＋［サ］y ＝［シ］

となることがわかる。また，このとき線分 AB の長さは 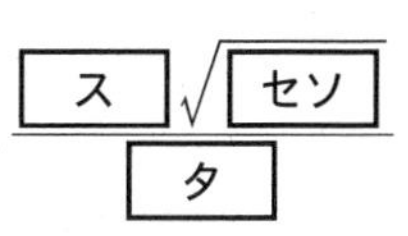

となる。

［カ］の解答群

⓪ $a_2x + a_1y = 9$	① $a_1x + a_2y = 9$
② $\dfrac{x}{a_1} + \dfrac{y}{a_2} = 9$	③ $\dfrac{x}{a_2} + \dfrac{y}{a_1} = 9$

第３問 （必答問題）（配点　22）

aを２より大きい定数とする。

関数 $y=|(x-a)(x-2a)|$ のグラフを C，直線 $\ell : y=2(x-a)$ と曲線 C との共有点を x 座標の小さい方から P，Q，R とする。

このとき，直線 ℓ と曲線 C で囲まれる２つの部分の面積の和 T を求めたい。

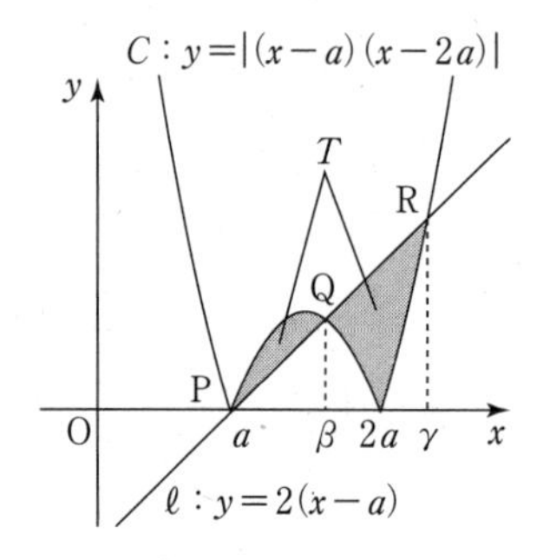

(1)　共有点 P，Q，R の x 座標をそれぞれ α，β，γ とすると

$$\alpha=a,\ \beta=\boxed{ア}a-\boxed{イ},\ \gamma=\boxed{ウ}a+\boxed{エ}$$

(2)　太郎さんは積分公式

$$\int_{\alpha}^{\beta}(x-\alpha)(x-\beta)\,dx=-\frac{1}{6}(\beta-\alpha)^3$$

を次のように証明した。

（数学Ⅱ・数学B・数学C第３問は次ページに続く。）

太郎さんの証明

p を定数とする。

$$\begin{cases}(x-p)^2 = x^2 - 2px + p^2 \\ (x-p)^3 = x^3 - 3px^2 + 3p^2x + p^3\end{cases}$$

より

$$\{(x-p)^2\}' = \boxed{\text{オ}}\,(x-p)$$

$$\{(x-p)^3\}' = \boxed{\text{カ}}\,(x-p)^{\boxed{\text{キ}}}$$

となる。

これより

$$\int (x-p)\,dx = \frac{1}{\boxed{\text{ク}}}(x-p)^2 + c$$

$$\int (x-p)^{\boxed{\text{キ}}}\,dx = \frac{1}{\boxed{\text{ケ}}}(x-p)^3 + c$$

となる（c は積分定数）。

これより

$$\int_\alpha^\beta (x-\alpha)(x-\beta)\,dx = \int_\alpha^\beta (x-\alpha)(x-\alpha+\alpha-\beta)\,dx$$

$$= \int_\alpha^\beta \{(x-\alpha)^2 + (\alpha-\beta)(x-\alpha)\}\,dx$$

$$= \left[\frac{1}{\boxed{\text{ケ}}}(x-\alpha)^3 + \frac{1}{\boxed{\text{ク}}}(\alpha-\beta)(x-\alpha)^2\right]_\alpha^\beta$$

$$= \frac{1}{\boxed{\text{ケ}}}(\beta-\alpha)^3 - \frac{1}{\boxed{\text{ク}}}(\beta-\alpha)^{\boxed{\text{コ}}}$$

$$= -\frac{1}{6}(\beta-\alpha)^3$$

（数学Ⅱ・数学Ｂ・数学Ｃ第３問は次ページに続く。）

(3) 直線 ℓ と放物線 $y=(x-a)(x-2a)$ で囲まれる図形の面積を S_1，直線 ℓ と放物線 $y=-(x-a)(x-2a)$ で囲まれる図形の面積を S_2，放物線 $y=(x-a)(x-2a)$ と x 軸で囲まれる図形の面積を S_3 とする。(2)の積分公式を用いると

$$S_1=\frac{1}{6}\left(a+\boxed{\text{サ}}\right)^3$$

$$S_2=\frac{1}{6}\left(a-\boxed{\text{シ}}\right)^3$$

$$S_3=\boxed{\text{ス}}$$

ス の解答群

⓪ $\frac{1}{4}a^3$	① $\frac{1}{12}a^3$	② $\frac{1}{6}a^3$
③ $\frac{1}{4}a^2$	④ $\frac{1}{12}a^2$	⑤ $\frac{1}{6}a^2$

（数学Ⅱ・数学B・数学C第３問は次ページに続く。）

(4) 線分 PQ と曲線 C の $\beta \leqq x \leqq 2a$ の部分および x 軸で囲まれる図形の面積を T_1 とすると

$$T_1 = \boxed{セ} - \boxed{ソ}$$

と表される。また，線分 QR と曲線 C の $\beta \leqq x \leqq \gamma$ の部分で囲まれる面積を T_2 とすると

$$T_2 = S_1 - T_1 - \boxed{タ}$$

これより，直線 ℓ と曲線 C で囲まれる２つの部分の面積の和 T は

$$T = S_2 + T_2$$
$$= S_1 + \boxed{チ}\,S_2 - \boxed{ツ}\,S_3$$
$$= \frac{1}{6}\left(a^3 - \boxed{テ}\,a^2 + \boxed{トナ}\,a - \boxed{ニ}\right)$$

となる。

$\boxed{セ}$ ～ $\boxed{タ}$ の解答群（同じものを繰り返し選んでもよい。）

⓪ S_1	① S_2	② S_3

第４問 （選択問題）（配点　16）

xを超えない最大の整数を$[x]$とするとき，数列$\{a_n\}$を次のように定義する。

$$a_n = \left[\frac{5n}{4}\right] \quad (n = 1,\ 2,\ 3,\ \cdots)$$

このとき，数列$\{a_n\}$について考えよう。

(1)　$a_1 =$ ア ，$a_3 =$ イ である。

(2)　$\left[\frac{5n}{4}\right] = n + \left[\frac{n}{\boxed{ウ}}\right]$ であるから，$i = 1,\ 2,\ 3,\ \cdots$について

$a_{4i-3} =$ エ $i -$ オ ，$a_{4i-2} =$ カ $i -$ キ ，

$a_{4i-1} =$ ク $i -$ ケ ，$a_{4i} =$ コ i

(3)　$a_n = 98$となるnは サ の形に表され，$n =$ シス と求まる。

サ の解答群

⓪　$4i-3$	①　$4i-2$	②　$4i-1$	③　$4i$

（数学Ⅱ・数学B・数学C第４問は次ページに続く。）

⑷ 数列 $\{a_n\}$ の初項から第 $\boxed{\text{シス}}$ 項までの和 S を求める。

$i=1,\ 2,\ 3,\ \cdots$について

$$a_{4i-3}+a_{4i-2}+a_{4i-1}+a_{4i}=\boxed{\text{セソ}}\,i-\boxed{\text{タ}}$$

であるから

$$S=\sum_{k=1}^{\boxed{\text{シス}}}a_k$$

$$=\sum_{i=1}^{\boxed{\text{チツ}}}(a_{4i-3}+a_{4i-2}+a_{4i-1}+a_{4i})\ -a_{\boxed{\text{シス}}+1}$$

$$=\boxed{\text{テトナニ}}$$

となる。

第５問 （選択問題）（配点 16）

以下の問題を解答するにあたっては，必要に応じて 82 ページの正規分布表を用いてもよい。

ある工場で，異なる２つの製品 P，Q を製造している。製品 P の重さの母平均は 103 g，母標準偏差は 20 g とわかっているが，製品 Q についてはわからない。製造された製品 P，Q の品質管理のため，それぞれ 100 個ずつ標本として無作為に抽出して調査することにした。

(1) 製品 P について，母集団から 100 個の標本を復元抽出するとき，その標本平均 $\overline{X}$ の平均（期待値）は **アイウ** であり，標準偏差は **エ** である。

また，標本の大きさ 100 は十分に大きいので，$\overline{X}$ の分布は近似的に正規分布 $N($ アイウ ， **オ** $)$ に従う。

ここで， **カ** とおくと，確率変数 Z は標準正規分布 $N(0,\ 1)$ に従うから，$\overline{X}$ が 106 g より大きい値をとる確率は **キ** であることがわかる。

カ の解答群

⓪ $Z=\dfrac{\overline{X}-103}{2}$　① $Z=\dfrac{\overline{X}-103}{20}$　② $Z=\dfrac{\overline{X}-103}{0.2}$

③ $Z=\dfrac{\overline{X}-100}{2}$

キ の解答群

⓪ 0.0013　① 0.0668　② 0.2266　③ 0.2734

（数学Ⅱ・数学Ｂ・数学Ｃ第５問は次ページに続く。）

(2) 次に，母集団から 400 個の製品 P を無作為に抽出し，その標本平均を $\overline{X'}$ とする。このとき，(1)で求めた確率 キ は，$\overline{X'}$ が 106 g より大きい値をとる確率の約 ク 倍になることがわかる。

ク の解答群

⓪ $\frac{1}{100}$	① $\frac{1}{50}$	② $\frac{1}{4}$	③ $\frac{1}{2}$
④ 2	⑤ 4	⑥ 50	⑦ 100

（数学Ⅱ・数学B・数学C第５問は次ページに続く。）

(3) 製品Qの重さについて考える。母集団から無作為に抽出した100個の製品Qの重さについて標本平均は199 gであった。母標準偏差を14 gとして，製品Qの重さの母平均 m の推定を行った。

信頼度95％の信頼区間（小数第２位を四捨五入）は［ケ］。

また，信頼度95％で推定した信頼区間について，正しいものは［コ］である。

［ケ］の解答群

⓪ $194.7 \leqq m \leqq 203.3$　① $195.1 \leqq m \leqq 202.9$　② $195.5 \leqq m \leqq 202.5$
③ $195.9 \leqq m \leqq 202.1$　④ $196.3 \leqq m \leqq 201.7$　⑤ $196.7 \leqq m \leqq 201.3$

［コ］の解答群

⓪ 推定した信頼区間に，母平均は必ず含まれる。
① 無作為抽出した100個の製品のうち，95個の製品の重さが含まれる区間である。
② 無作為抽出を繰り返し，推定した100個の区間のうち，約95個の区間に母平均が含まれている。
③ 無作為抽出を繰り返し，推定した100個の区間のうち，約95個の区間に標本平均が含まれている。

（数学Ⅱ・数学B・数学C第５問は次ページに続く。）

(4) 信頼度 C%の信頼区間を $A \leqq m \leqq B$ とする。このとき，信頼区間の幅は $B-A$ と表せる。また，製品Ｑについて，標本の大きさが変わっても，標本平均は 199 g，母標準偏差は 14 g とする。

このとき，次の⓪～⑤のうち，標本の大きさ，信頼度，信頼区間の幅の関係が正しく述べられているものは [サ] と [シ] である。

[サ]，[シ] の解答群（解答の順序は問わない。）

⓪ 標本の大きさを 200 にしても，信頼度 95％の信頼区間の幅は，標本の大きさが 100 のときの信頼区間の幅と変わらない。

① 標本の大きさを 200 にすると，信頼度 95％の信頼区間の幅は，標本の大きさが 100 のときの信頼区間の幅よりも大きくなる。

② 標本の大きさを 200 にすると，信頼度 95％の信頼区間の幅は，標本の大きさが 100 のときの信頼区間の幅よりも小さくなる。

③ 標本の大きさが 100 のとき，信頼度 99％の信頼区間の幅は，信頼度 95％の信頼区間の幅と変わらない。

④ 標本の大きさが 100 のとき，信頼度 99％の信頼区間の幅は，信頼度 95％の信頼区間の幅よりも大きくなる。

⑤ 標本の大きさが 100 のとき，信頼度 99％の信頼区間の幅は，信頼度 95％の信頼区間の幅よりも小さくなる。

（数学Ⅱ・数学Ｂ・数学Ｃ第５問は次ページに続く。）

正　規　分　布　表

次の表は，標準正規分布の分布曲線における右図の灰色部分の面積の値をまとめたものである。

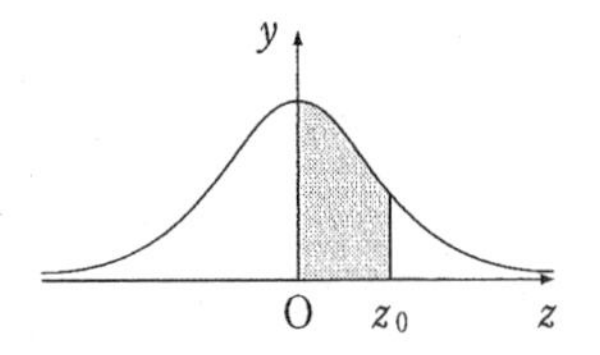

z_0	0.00	0.01	0.02	0.03	0.04	0.05	0.06	0.07	0.08	0.09
0.0	0.0000	0.0040	0.0080	0.0120	0.0160	0.0199	0.0239	0.0279	0.0319	0.0359
0.1	0.0398	0.0438	0.0478	0.0517	0.0557	0.0596	0.0636	0.0675	0.0714	0.0753
0.2	0.0793	0.0832	0.0871	0.0910	0.0948	0.0987	0.1026	0.1064	0.1103	0.1141
0.3	0.1179	0.1217	0.1255	0.1293	0.1331	0.1368	0.1406	0.1443	0.1480	0.1517
0.4	0.1554	0.1591	0.1628	0.1664	0.1700	0.1736	0.1772	0.1808	0.1844	0.1879
0.5	0.1915	0.1950	0.1985	0.2019	0.2054	0.2088	0.2123	0.2157	0.2190	0.2224
0.6	0.2257	0.2291	0.2324	0.2357	0.2389	0.2422	0.2454	0.2486	0.2517	0.2549
0.7	0.2580	0.2611	0.2642	0.2673	0.2704	0.2734	0.2764	0.2794	0.2823	0.2852
0.8	0.2881	0.2910	0.2939	0.2967	0.2995	0.3023	0.3051	0.3078	0.3106	0.3133
0.9	0.3159	0.3186	0.3212	0.3238	0.3264	0.3289	0.3315	0.3340	0.3365	0.3389
1.0	0.3413	0.3438	0.3461	0.3485	0.3508	0.3531	0.3554	0.3577	0.3599	0.3621
1.1	0.3643	0.3665	0.3686	0.3708	0.3729	0.3749	0.3770	0.3790	0.3810	0.3830
1.2	0.3849	0.3869	0.3888	0.3907	0.3925	0.3944	0.3962	0.3980	0.3997	0.4015
1.3	0.4032	0.4049	0.4066	0.4082	0.4099	0.4115	0.4131	0.4147	0.4162	0.4177
1.4	0.4192	0.4207	0.4222	0.4236	0.4251	0.4265	0.4279	0.4292	0.4306	0.4319
1.5	0.4332	0.4345	0.4357	0.4370	0.4382	0.4394	0.4406	0.4418	0.4429	0.4441
1.6	0.4452	0.4463	0.4474	0.4484	0.4495	0.4505	0.4515	0.4525	0.4535	0.4545
1.7	0.4554	0.4564	0.4573	0.4582	0.4591	0.4599	0.4608	0.4616	0.4625	0.4633
1.8	0.4641	0.4649	0.4656	0.4664	0.4671	0.4678	0.4686	0.4693	0.4699	0.4706
1.9	0.4713	0.4719	0.4726	0.4732	0.4738	0.4744	0.4750	0.4756	0.4761	0.4767
2.0	0.4772	0.4778	0.4783	0.4788	0.4793	0.4798	0.4803	0.4808	0.4812	0.4817
2.1	0.4821	0.4826	0.4830	0.4834	0.4838	0.4842	0.4846	0.4850	0.4854	0.4857
2.2	0.4861	0.4864	0.4868	0.4871	0.4875	0.4878	0.4881	0.4884	0.4887	0.4890
2.3	0.4893	0.4896	0.4898	0.4901	0.4904	0.4906	0.4909	0.4911	0.4913	0.4916
2.4	0.4918	0.4920	0.4922	0.4925	0.4927	0.4929	0.4931	0.4932	0.4934	0.4936
2.5	0.4938	0.4940	0.4941	0.4943	0.4945	0.4946	0.4948	0.4949	0.4951	0.4952
2.6	0.4953	0.4955	0.4956	0.4957	0.4959	0.4960	0.4961	0.4962	0.4963	0.4964
2.7	0.4965	0.4966	0.4967	0.4968	0.4969	0.4970	0.4971	0.4972	0.4973	0.4974
2.8	0.4974	0.4975	0.4976	0.4977	0.4977	0.4978	0.4979	0.4979	0.4980	0.4981
2.9	0.4981	0.4982	0.4982	0.4983	0.4984	0.4984	0.4985	0.4985	0.4986	0.4986
3.0	0.4987	0.4987	0.4987	0.4988	0.4988	0.4989	0.4989	0.4989	0.4990	0.4990

（下 書 き 用 紙）

第６問 （選択問題）（配点　16）

先生と太郎さんと花子さんの会話を読んで，下の問いに答えよ。

(1)

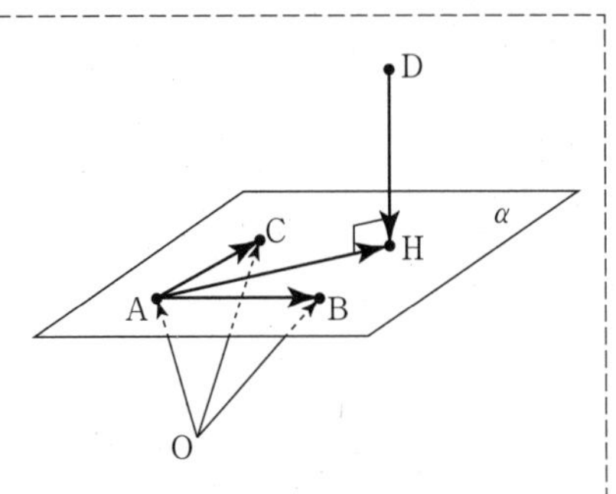

先生：今日は，座標空間における平面に，平面上にない点から引いた垂線の長さについて考えてみましょう。
　　　平面 α 上に一直線上にない 3 点 A，B，C をとり，平面 α 上にない点 D から平面 α に垂線を引き，この交点を H とします。

太郎：線分 DH の長さを求めるんですね。

先生：その通り。まず，点 H は平面 α 上にあるから，s，t を実数として $\overrightarrow{\mathrm{AH}} = s\,\overrightarrow{\mathrm{AB}} + t\,\overrightarrow{\mathrm{AC}}$ と表されます。

花子：次に，$\overrightarrow{\mathrm{DH}}$ について **ア** という条件を用いて，s，t の値を求めるんですね。

太郎：s，t の値が決まれば，$\mathrm{DH} = \left|\overrightarrow{\mathrm{DH}}\right|$ から求められるね。

ア の解答群

⓪ $\overrightarrow{\mathrm{DH}}$ と $\overrightarrow{\mathrm{OA}}$，$\overrightarrow{\mathrm{OB}}$ は垂直である

① $\overrightarrow{\mathrm{DH}}$ と $\overrightarrow{\mathrm{OA}}$，$\overrightarrow{\mathrm{OB}}$，$\overrightarrow{\mathrm{OC}}$ は垂直である

② $\overrightarrow{\mathrm{DH}}$ と $\overrightarrow{\mathrm{OA}}$，$\overrightarrow{\mathrm{AB}}$ は垂直である

③ $\overrightarrow{\mathrm{DH}}$ と $\overrightarrow{\mathrm{OA}}$，$\overrightarrow{\mathrm{AC}}$ は垂直である

④ $\overrightarrow{\mathrm{DH}}$ と $\overrightarrow{\mathrm{AB}}$，$\overrightarrow{\mathrm{AC}}$ は垂直である

⑤ $\overrightarrow{\mathrm{DH}}$ と $\overrightarrow{\mathrm{AD}}$，$\overrightarrow{\mathrm{BD}}$ は垂直である

（数学Ⅱ・数学B・数学C第６問は次ページに続く。）

(2) 引き続き，３人が話している。

先生：今度は，別の解き方を考えてみましょう。点Aを平面 α 上の点，$\vec{n}$ を平面 α に垂直なベクトルとします。平面 α 上にない点Dから平面 α に垂線を引き，その交点をHとしたときの線分DHの長さを求めてみましょう。

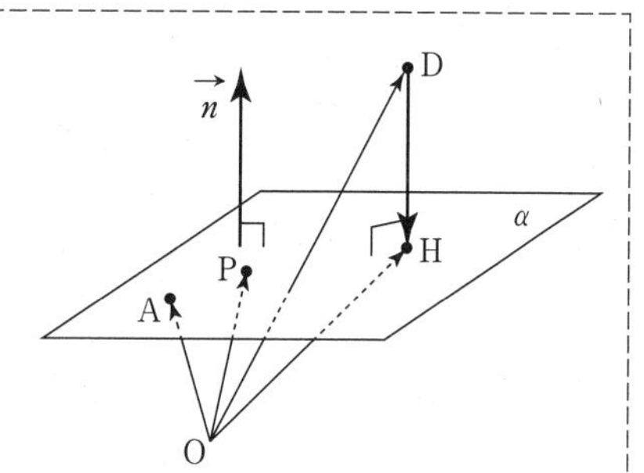

花子：平面 α 上の任意の点Pはどう表されるのかな。

太郎：$\overrightarrow{OA}=\vec{a}$，$\overrightarrow{OP}=\vec{p}$ とおいて表すと，$\overrightarrow{AP}$ と $\vec{n}$ は **イ** なので，

平面 α 上の点Pは

$$\overrightarrow{AP}\cdot\vec{n}=0$$

$$(\vec{p}-\vec{a})\cdot\vec{n}=0 \qquad \cdots\cdots\cdots ①$$

を満たすと思います。

先生：よくできました。ここで，$\vec{n}$ と $\overrightarrow{DH}$ は **ウ** ですね。

花子：ということは，$\overrightarrow{DH}=k\vec{n}$（$k$ は実数）と表せますね。

太郎：$\overrightarrow{OH}=\vec{h}$，$\overrightarrow{OD}=\vec{d}$ とおくと，

$$k\vec{n}=\overrightarrow{DH}=\vec{h}-\vec{d}$$

より

$$\vec{h}=k\vec{n}+\vec{d} \qquad \cdots\cdots\cdots ②$$

となるね。Hも平面 α 上の点だから，①で $\vec{p}=\vec{h}$ とすると k の値が求まるね。

花子：②を①に代入すると，$k=$ **エ** となったよ。

（数学Ⅱ・数学B・数学C第６問は次ページに続く。）

イ ， ウ の解答群（同じものを繰り返し選んでもよい。）

⓪ 垂直	① 平行

エ の解答群

⓪ $\dfrac{\vec{n}\cdot(\vec{d}+\vec{a})}{\|\vec{n}\|^2}$	① $\dfrac{\vec{a}\cdot(\vec{n}-\vec{a})}{\|\vec{n}\|^2}$
② $\dfrac{\vec{n}\cdot(\vec{a}-\vec{d})}{\|\vec{n}\|^2}$	③ $\dfrac{\vec{n}\cdot(\vec{d}-\vec{a})}{\|\vec{n}\|^2}$

（数学Ⅱ・数学B・数学C第６問は次ページに続く。）

(3) さらに，3人の会話が続いている。

先生：それでは，今まで考えたことを用いて，以下のことに取り組んでみましょう。点A$(-1,\ 0,\ 1)$を通り，$\vec{n}=(2,\ -3,\ 1)$に垂直な平面α上に点P$(x,\ y,\ z)$があるとします。これは①を満たすので，成分計算してx，y，zが満たす関係式を求めるとどうなりますか。

花子：$\boxed{\text{オ}}x-\boxed{\text{カ}}y+z+\boxed{\text{キ}}=0$ ……………………… ③

となると思います。

先生：その通り。太郎さん，点B$(b,\ 2,\ 1)$，点C$(1,\ 3,\ c)$が平面α上にあるとき，b，cの値はいくらになりますか。

太郎：点B, Cは③を満たすので，$b=\boxed{\text{ク}}$，$c=\boxed{\text{ケ}}$になります。

先生：そうですね。それでは，点Dの座標を$(4,\ 5,\ 2)$とすると，四面体ABCDの体積を求められますか。

花子：△ABCの面積をSとすると，公式

$S=\dfrac{1}{2}\sqrt{|\overrightarrow{AB}|^2|\overrightarrow{AC}|^2-(\overrightarrow{AB}\cdot\overrightarrow{AC})^2}$ より

$S=\dfrac{\boxed{\text{コ}}\sqrt{\boxed{\text{サシ}}}}{\boxed{\text{ス}}}$ となるよね。では，△ABCを底面としたときの高さはどうなるのかな。

先生：高さは点Dから平面αに下した垂線の長さですね。

太郎：まず，$|\vec{n}|=\sqrt{\boxed{\text{セソ}}}$ だね。よって，$\overrightarrow{DH}=\dfrac{\boxed{\text{タ}}}{\boxed{\text{チ}}}\vec{n}$ となるから，四面体ABCDの体積は$\dfrac{\boxed{\text{ツテ}}}{\boxed{\text{ト}}}$となります。

先生：2人ともよくできました。

第3回 実戦問題

第７問 （選択問題）（配点 16）

〔1〕 座標平面上の曲線 $C : 17x^2 - 16xy + 17y^2 = 225$ ……① がどのような図になるか考えよう。曲線 C 上の任意の点 (x, y) を，原点を中心に $-\frac{\pi}{4}$ だけ回転した点を (X, Y) とする。

このとき，

$$x + yi = (X + Yi)\left(\boxed{ア}\right)$$

これより，

$$x = \boxed{イ},\ y = \boxed{ウ} \quad ……②$$

②を①に代入して整理すると，

$$\frac{X^2}{\boxed{エ}^2} + \frac{Y^2}{\boxed{オ}^2} = 1$$

これは，長軸の長さが $\boxed{カキ}$，短軸の長さが $\boxed{ク}$，焦点の座標が $\left(\boxed{ケ},\ 0\right)$，$\left(-\boxed{ケ},\ 0\right)$ の楕円である。

このことから，曲線 C は楕円 $\frac{X^2}{\boxed{エ}^2} + \frac{Y^2}{\boxed{オ}^2} = 1$ を原点を中心に $\frac{\pi}{4}$ だけ回転した楕円であり，焦点の座標は，$\left(\boxed{コ}\sqrt{\boxed{サ}},\ \boxed{コ}\sqrt{\boxed{サ}}\right)$，$\left(-\boxed{コ}\sqrt{\boxed{サ}},\ -\boxed{コ}\sqrt{\boxed{サ}}\right)$ である。

（数学Ⅱ・数学B・数学C第７問は次ページに続く。）

［ア］の解答群

⓪ $\cos\frac{\pi}{4}+i\sin\frac{\pi}{4}$　① $\cos\frac{\pi}{4}-i\sin\frac{\pi}{4}$

② $-\cos\frac{\pi}{4}+i\sin\frac{\pi}{4}$　③ $-\cos\frac{\pi}{4}-i\sin\frac{\pi}{4}$

［イ］，［ウ］の解答群（同じものを繰り返し選んでもよい。）

⓪ $\frac{X+Y}{\sqrt{2}}$　① $\frac{X-Y}{\sqrt{2}}$　② $\frac{-X+Y}{\sqrt{2}}$　③ $\frac{-X-Y}{\sqrt{2}}$

（数学Ⅱ・数学B・数学C第７問は次ページに続く。）

〔2〕 花子さんと太郎さんが，複素数平面上の異なる３点 A(α)，B(β)，C(γ)から作られる三角形について話している。

花子：△ABC が AB = BC，∠ABC = $\frac{\pi}{2}$ の直角二等辺三角形であるとき，

点Ｃは，点Ａを点Ｂを中心として$\pm\frac{\pi}{2}$だけ回転移動した点だね。

太郎：そうだね。例えば，B($5+8i$)，C($11+4i$) であれば，点Ａが表す

複素数は，［シ］＋［ス］i または［セ］＋［ソタ］i だ。

花子：AB = BC，∠ABC = $\frac{\pi}{2}$ という条件から，

$\frac{\gamma-\beta}{\alpha-\beta}$ = ［チ］が成り立つとわかるよ。

太郎：この式から，α，β，γ の関係式を作ってみると，［ツ］= 0 という

式ができるね。

［チ］の解答群（同じものを繰り返し選んでもよい。）

⓪ 1	① −1	② ±1
③ i	④ $-i$	⑤ $\pm i$

［ツ］の解答群

⓪ $(\alpha-\beta)^2(\gamma-\beta)^2$	① $\frac{(\gamma-\beta)^2}{(\alpha-\beta)^2}$
② $(\alpha-\beta)^2+(\gamma-\beta)^2$	③ $(\alpha-\beta)^2-(\gamma-\beta)^2$

東進　共通テスト実戦問題集

第4回

数学Ⅱ・数学B・数学C

（100点　70分）

Ⅰ　注　意　事　項

1　解答用紙に，正しく記入・マークされていない場合は，採点できないことがあります。特に，解答用紙の**解答科目欄にマークされていない場合又は複数の科目にマークされている場合は，0点**となることがあります。

2　試験中に問題冊子の印刷不鮮明，ページの落丁･乱丁及び解答用紙の汚れ等に気付いた場合は，手を高く挙げて監督者に知らせなさい。

3　**選択問題については，いずれか3問を選択**し，その問題番号の解答欄に解答しなさい。

4　問題冊子の余白等は適宜利用してよいが，どのページも切り離してはいけません。

5　**不正行為について**

①　不正行為に対しては厳正に対処します。

②　不正行為に見えるような行為が見受けられた場合は，監督者がカードを用いて注意します。

③　不正行為を行った場合は，その時点で受験を取りやめさせ退室させます。

6　試験終了後，問題冊子は持ち帰りなさい。

Ⅱ　解答上の注意

1　解答上の注意は，p.4に記載してあります。必ず読みなさい。

数学Ⅱ・数学Ｂ・数学Ｃ

<table>
<tr><th>問　題</th><th>選　択　方　法</th></tr>
<tr><td>第１問</td><td>必　　答</td></tr>
<tr><td>第２問</td><td>必　　答</td></tr>
<tr><td>第３問</td><td>必　　答</td></tr>
<tr><td>第４問</td><td rowspan="4">いずれか３問を選択し，解答しなさい。</td></tr>
<tr><td>第５問</td></tr>
<tr><td>第６問</td></tr>
<tr><td>第７問</td></tr>
</table>

（下 書 き 用 紙）

第１問 （必答問題）（配点 15）

先生と花子さんと太郎さんは，次の**問題**について話している。

> **問題** $-\frac{\pi}{2} < x < \frac{\pi}{2}$ のとき，方程式
>
> $$4\sin x + 2\cos x = 4 - \tan\frac{x}{2} \quad \cdots\cdots ①$$
>
> を満たす x の値を求めよ。

（数学Ⅱ・数学B・数学C第１問は次ページに続く。）

(1)

太郎：まず，$\sin x$，$\cos x$ を角度 $\frac{x}{2}$ の三角関数で表してみようか。

$\sin x =$ ア ，$\cos x =$ イ となるよね。

先生：その通り。ところで，$\tan\frac{x}{2} = m$ とおいて $\sin x$，$\cos x$ を m の式で表すと，どうなると思いますか。

花子：$\cos^2\frac{x}{2} + \sin^2\frac{x}{2} = 1$ だから，

$$\boxed{ア} = \frac{\boxed{ア}}{\cos^2\frac{x}{2} + \sin^2\frac{x}{2}},\quad \boxed{イ} = \frac{\boxed{イ}}{\cos^2\frac{x}{2} + \sin^2\frac{x}{2}}$$

と考えて分母，分子を $\cos^2\frac{x}{2}$ で割り，あとは $\tan\frac{x}{2} = \dfrac{\sin\frac{x}{2}}{\cos\frac{x}{2}}$ を利用すればいいんだ。

太郎：$\sin x = \dfrac{\boxed{ウ}\,m}{\boxed{エ} + m^2}$，$\cos x = \dfrac{\boxed{オ} - m^2}{\boxed{エ} + m^2}$ となったよ。

（数学Ⅱ・数学B・数学C第１問は次ページに続く。）

［ア］，［イ］の解答群（同じものを繰り返し選んでもよい。）

⓪ $\sin\frac{x}{2}\cos\frac{x}{2}$	① $2\sin\frac{x}{2}\cos\frac{x}{2}$	② $4\sin\frac{x}{2}\cos\frac{x}{2}$
③ $\sin^2\frac{x}{2}\cos^2\frac{x}{2}$	④ $2\sin^2\frac{x}{2}-1$	⑤ $1-2\cos^2\frac{x}{2}$
⑥ $\sin^2\frac{x}{2}-\cos^2\frac{x}{2}$	⑦ $\cos^2\frac{x}{2}-\sin^2\frac{x}{2}$	

(2) 引き続き，３人が話している。

先生：$\sin x=\dfrac{［ウ］m}{［エ］+m^2}$，$\cos x=\dfrac{［オ］-m^2}{［エ］+m^2}$，$\tan\dfrac{x}{2}=m$ を①に代入すると，①は m の式になりますね。

花子：$m^3-［カ］m^2+［キ］m-［ク］=0$ になりました。

太郎：これを解けば m の値が求まるけど，３つの実数解 m_1，m_2，m_3 $(m_1<m_2<m_3)$ が出てくるよ。m の値に範囲はないのかな。

花子：$-\dfrac{\pi}{2}<x<\dfrac{\pi}{2}$ だから，m の値の範囲は［ケ］となるね。

太郎：それなら，m の値は求まるね。でも，x の値は簡単に求められそうにないな。

先生：２人ともよくできましたね。あと一息，ヒントを出します。

$\tan\dfrac{\pi}{12}$ は計算できますか。

太郎：$\tan\dfrac{\pi}{12}=［コ］-\sqrt{［サ］}$ になります。これから，x の値が求められるんだ。

花子：わかった。①の解は，$x=\dfrac{［シ］}{［ス］}\pi$ になります。

先生：２人ともよく頑張りました。正解です。

（数学Ⅱ・数学Ｂ・数学Ｃ第１問は次ページに続く。）

ケ の解答群

⓪ m はすべての実数	① $m > 0$
② $m < 0$	③ $m \geqq 0$
④ $m \leqq 0$	⑤ $-1 < m$
⑥ $1 < m$	⑦ $-1 < m < 1$
⑧ $0 \leqq m < 1$	

第２問 (必答問題)（配点　15）

星の明るさの比は次の式で定義されている。m_1 等級，m_2 等級の２つの星の明るさを，それぞれ L_1，L_2 $(L_1 > L_2)$ とすると

$$\frac{L_1}{L_2} = 10^{\frac{2}{5}(m_2 - m_1)} \quad \cdots\cdots ①$$

である。

(1) １等級の星は６等級の星より，$10^{\boxed{ア}}$ 倍明るい。また，１等級の星は11等級の星より，$10^{\boxed{イ}}$ 倍明るい。

(2) ①と同様の意味をもつ式は［ウ］である。

［ウ］の解答群

⓪ $\dfrac{\log_{10} L_1}{\log_{10} L_2} = \dfrac{2}{5}(m_1 - m_2)$

① $\dfrac{\log_{10} L_1}{\log_{10} L_2} = \dfrac{2}{5}(m_2 - m_1)$

② $\log_{10} L_1 + \log_{10} L_2 = \dfrac{2}{5}(m_1 - m_2)$

③ $\log_{10} L_1 + \log_{10} L_2 = \dfrac{2}{5}(m_2 - m_1)$

④ $\log_{10} L_1 - \log_{10} L_2 = \dfrac{2}{5}(m_1 - m_2)$

⑤ $\log_{10} L_1 - \log_{10} L_2 = \dfrac{2}{5}(m_2 - m_1)$

(数学Ⅱ・数学B・数学C第２問は次ページに続く。)

(3) 5等級の星の240倍の明るさの星は，およそ［エ］等級である。以下では，$\log_{10} 2 = 0.3010$，$\log_{10} 3 = 0.4771$ とする。

［エ］の解答群

⓪ −3　① −2　② −1　③ 1　④ 2　⑤ 3　⑥ 4

(4) 3つの星 S_1，S_2，S_3 があり，それぞれ m_1，m_2，m_3 等級，明るさは L_1，L_2，L_3（$L_1 > L_2 > L_3$）である。L_1 は L_2 の30倍，m_1 と m_3 の差が5のとき，

$\dfrac{L_2}{L_3} = \dfrac{\boxed{\text{オカ}}}{\boxed{\text{キ}}}$ となる。

第３問 （必答問題）（配点　22）

〔１〕 次の２つの放物線について考える。

$C_1 : y = x^2 - 4x + 7$

$C_2 : y = -x^2 + 8x - 19$

(1) 放物線 C_1，C_2 の両方に接する直線（共通接線）の方程式を求めよう。

放物線 C_1 上の点$(s,\ s^2 - 4s + 7)$における接線の方程式は［ア］，放物線 C_2 上の点$(t, -t^2 + 8t - 19)$における接線の方程式は［イ］である。

共通接線の方程式を求めるには，上で求めた２本の接線が一致すればよい。

すなわち，２本の接線の傾きと y 切片がそれぞれ等しければよいので，s，t の値を求めると，その方程式は

$y =$［ウ］$x -$［エオ］，$y = -$［カ］$x +$［キ］

となる。

［ア］の解答群

⓪ $y = (2s - 4)x + 3s^2 - 8s + 7$

① $y = (2s - 4)x - 3s^2 + 8s + 7$

② $y = (2s - 4)x - 3s^2 + 8s - 7$

③ $y = (2s - 4)x - s^2 - 7$

④ $y = (2s - 4)x - s^2 + 7$

⑤ $y = (2s - 4)x + s^2 + 7$

（数学Ⅱ・数学B・数学C第３問は次ページに続く。）

[イ] の解答群

⓪ $y=(-2t+8)x+t^2-8t+19$
① $y=(-2t+8)x-t^2+8t-19$
② $y=(-2t+8)x+t^2-8t-19$
③ $y=(-2t+8)x+t^2-19$
④ $y=(-2t+8)x-t^2+19$
⑤ $y=(-2t+8)x+t^2+19$

(2) 放物線 C_1，C_2 の共通接線をそれぞれ $\ell_1: y=$ [ウ] $x-$ [エオ]，$\ell_2: y=-$ [カ] $x+$ [キ] とする。また，接線 ℓ_1，ℓ_2 と放物線 C_1 で囲まれた図形の面積を S とする。このとき，接線 ℓ_1 と ℓ_2 の交点の座標は ([ク] , [ケ]) であるから

$$S=\frac{\boxed{コサ}}{\boxed{シ}}$$

となる。

(3) 接線 ℓ_1，ℓ_2 と放物線 C_2 との2つの接点をA，Bとし，直線ABと放物線 C_2 で囲まれた図形の面積を T とおく。

このとき，(2)の S と T について

$$\frac{S}{T}=\frac{\boxed{ス}}{\boxed{セ}}$$

となる。

(数学Ⅱ・数学B・数学C第3問は次ページに続く。)

〔２〕 次の２つの円について考える。

$C_1 : x^2 + y^2 = 9$

$C_2 : (x - \sqrt{3}\sin\theta - 2\cos\theta)^2 + (y - \sqrt{13}\sin\theta)^2 = 1$

以下では，$0 < \theta < \dfrac{\pi}{2}$ とする。

(1) ２つの円 C_1 と C_2 の中心をそれぞれ $\mathrm{I_1}$，$\mathrm{I_2}$ とおき，２つの円の中心間距離の２乗 $\mathrm{I_1I_2}^2$ を θ で表すと

$$\mathrm{I_1I_2}^2 = \boxed{\text{ソタ}}\sin^2\theta + \boxed{\text{チ}}\sqrt{\boxed{\text{ツ}}}\sin\theta\cos\theta + \boxed{\text{テ}}\cos^2\theta \quad \cdots\cdots \text{①}$$

となる。

２倍角の公式，半角の公式を用いて①を変形し，$\sin 2\theta$，$\cos 2\theta$ の式で表すと

$$\mathrm{I_1I_2}^2 = \boxed{\text{ト}}\sqrt{\boxed{\text{ナ}}}\sin 2\theta - \boxed{\text{ニ}}\cos 2\theta + \boxed{\text{ヌネ}}$$

となる。

さらに，この式を $a\sin(2\theta + \alpha) + b$（$a$，$b$ は定数，$-\pi \leqq \alpha < \pi$）の形に変形すると

$$\mathrm{I_1I_2}^2 = \boxed{\text{ノ}}\sqrt{\boxed{\text{ハ}}}\sin\left(2\theta - \frac{\pi}{\boxed{\text{ヒ}}}\right) + \boxed{\text{ヌネ}}$$

となる。

（数学Ⅱ・数学B・数学C第３問は次ページに続く。）

(2) 円 C_1 と C_2 が外接するときの θ の値を考える。

円 C_1 と C_2 が外接するとき

$$\mathrm{I_1I_2} = \boxed{\text{フ}}$$

であることから，(1)を利用して θ の値を求めると

$$\theta = \frac{\pi}{\boxed{\text{ヘ}}}$$

となる。

第４問 （選択問題）（配点　16）

太郎さんと花子さんは，次の**問題**を考えている。

> **問題**　次のように定められた数列 $\{a_n\}$ の一般項 a_n を n を用いて表せ。
>
> $a_1 = -2,\ a_{n+1} = 3a_n + 4n + 8\ (n = 1,\ 2,\ 3,\ \cdots)$ …… ①

２人の解答は以下のようであった。

(1)

太郎さんの解答

①が実数 s，t を用いて

$a_{n+1} + s(n+1) + t = 3(a_n + sn + t)$ ………………………… ②

と表されたとすると

$s =$ ア ，$t =$ イ

となる。

②より，数列 $\{a_n + sn + t\}$ は初項 $a_1 + s + t$，公比３の等比数列であるから，

数列 $\{a_n\}$ の一般項は

$a_n =$ ウ $\cdot$ エ $^{n-1} -$ オ $n -$ カ

と表される。

（数学Ⅱ・数学Ｂ・数学Ｃ第４問は次ページに続く。）

(2)

花子さんの解答

①より

$$a_{n+2}=3a_{n+1}+4(n+1)+8 \quad \cdots\cdots ③$$

であるから，③−①は

$$a_{n+2}-a_{n+1}=3(a_{n+1}-a_n)+\boxed{\text{キ}} \quad \cdots\cdots ④$$

となる。

ここで，$b_n=a_{n+1}-a_n$ とおくと，④は $b_{n+1}=3b_n+\boxed{\text{キ}}$ となるから，数列 $\{b_n\}$ の一般項は

$$b_n=\left(b_1+\boxed{\text{ク}}\right)\cdot\boxed{\text{ケ}}^{\,n-1}-\boxed{\text{ク}}$$

である。

したがって，$n \geqq 2$ のとき

$$a_n=a_1+\sum_{k=1}^{n-1}\left(\boxed{\text{コサ}}\cdot\boxed{\text{ケ}}^{\,k-1}-\boxed{\text{ク}}\right)$$

$$=\boxed{\text{ウ}}\cdot\boxed{\text{エ}}^{\,n-1}-\boxed{\text{オ}}\,n-\boxed{\text{カ}}$$

となり，これは $n=1$ のときも成り立つ。

（数学Ⅱ・数学B・数学C第４問は次ページに続く。）

(3) 初項 2，公比 3 の等比数列を $\{c_n\}$ とし，数列 $\{c_n\}$ の初項から第 n 項までの和を S_n とする。さらに，数列 $\{p_n\}$ が次の式で定義されている。

$$p_1 = \sqrt[4]{3},\ p_{n+1} = (S_n + 1){p_n}^2\ (n = 1,\ 2,\ 3,\ \cdots) \quad \cdots\cdots\cdots\cdots ⑤$$

自然数 n について，c_n，S_n はそれぞれ

$$c_n = \boxed{シ} \cdot \boxed{ス}^{n-1},\ S_n = \boxed{セ}^{n} - \boxed{ソ}$$

と表される。

S_n を⑤に代入して，p_2，p_3 を求めると

$$p_2 = \boxed{タ}\sqrt{\boxed{チ}},\ p_3 = \boxed{ツテト}$$

p_n は正であるから，$p_{n+1} = (S_n + 1){p_n}^2$ の両辺で 3 を底とする対数をとり，$q_n = \log_3 p_n$ とおくと，⑤は $\boxed{ナ}$ と表される。

(1)，(2)で太郎さんや花子さんが考えた解法を用いると，数列 $\{q_n\}$ の一般項 q_n は

$$q_n = \frac{\boxed{ニ}}{\boxed{ヌ}} \cdot \boxed{ネ}^{n} - n - \boxed{ノ}$$

と表される。

したがって

$$p_n = 3^{q_n} = 3^{\frac{\boxed{ニ}}{\boxed{ヌ}} \cdot \boxed{ネ}^{n} - n - \boxed{ノ}}$$

となる。

$\boxed{ナ}$ の解答群

⓪ $q_{n+1} = {q_n}^2 + 3^n$	① $q_{n+1} = {q_n}^2 \cdot 3^n$
② $q_{n+1} = {q_n}^2 + 3n$	③ $q_{n+1} = 2q_n + 3n$
④ $q_{n+1} = 2q_n + n$	⑤ $q_{n+1} = 2q_n + 3^n$

（下 書 き 用 紙）

第5問 （選択問題）（配点 16）

以下の問題を解答にするにあたっては，必要に応じて110ページの正規分布表を用いてもよい。

ある高校の1週間の図書館の利用率（全生徒に対する図書館を利用した生徒の割合）は従来60％であった。今週は開館時間を40分間延長し，利用率の変化を調べることにした。無作為に選んだ生徒150人のうち，今週図書館を利用した生徒数は94人であった。このとき，「開館時間を40分間延長することにより，利用率は上がった」と判断してよいかを仮説検定の考え方を用いて考察する。

(1) 開館時間を40分間延長したときの利用率をpとする。「利用率は上がった」かどうかを判断するために，「利用率は上がらなかった」すなわち「p [ア] 0.6」を帰無仮説とする。

帰無仮説が正しいとすると，生徒150人のうち図書館を利用する生徒数Xは，二項分布 [イ] に従う。

したがって，Xの平均m，標準偏差σは

$m =$ [ウエ]，$\sigma =$ [オ]

である。

[ア] の解答群

⓪ >	① ＝	② <

[イ] の解答群

⓪ $B(94,\ 0.6)$	① $B(150,\ 0.6)$	② $B(94,\ 0.24)$	③ $B(150,\ 0.24)$

（数学Ⅱ・数学B・数学C第5問は次ページに続く。）

(2) 標本の大きさ150は十分大きいと考えられるから，確率変数 $Z = \dfrac{X - \boxed{\text{カキ}}}{\boxed{\text{ク}}}$

は近似的に標準正規分布 $N\left(\boxed{\text{ケ}}, \boxed{\text{コ}}\right)$ に従う。

確率 $P\left(Z \leqq \boxed{\text{サ}}\right) \fallingdotseq 0.95$ であるから，有意水準5%の棄却域は $Z \geqq \boxed{\text{サ}}$ である。

$X = 94$ のとき $Z = \dfrac{\boxed{\text{シ}}}{\boxed{\text{ス}}}$ であり，この値は棄却域に入らないから，帰無仮説は $\boxed{\text{セ}}$。したがって，$\boxed{\text{ソ}}$。

$\boxed{\text{サ}}$ の解答群

⓪ 1.64	① 1.96	② 2.33	③ 2.58

$\boxed{\text{セ}}$ の解答群

⓪ 棄却される
① 棄却されるかどうか判断できない
② 棄却されない

$\boxed{\text{ソ}}$ の解答群

⓪ 利用率は上がったと判断してよい
① 利用率は下がったと判断してよい
② 利用率が上がったとは判断できない
③ 利用率は60%で変化しなかったと判断できる

（数学Ⅱ・数学B・数学C第５問は次ページに続く。）

正 規 分 布 表

次の表は，標準正規分布の分布曲線における右図の灰色部分の面積の値をまとめたものである。

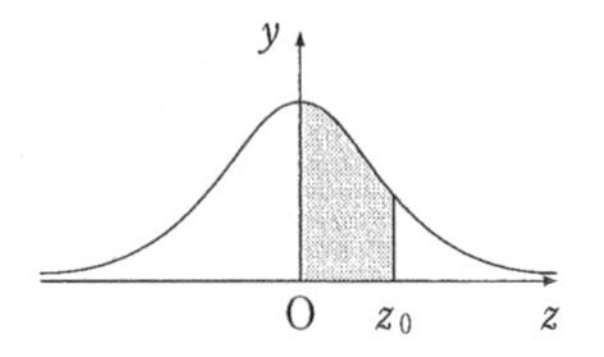

z_0	0.00	0.01	0.02	0.03	0.04	0.05	0.06	0.07	0.08	0.09
0.0	0.0000	0.0040	0.0080	0.0120	0.0160	0.0199	0.0239	0.0279	0.0319	0.0359
0.1	0.0398	0.0438	0.0478	0.0517	0.0557	0.0596	0.0636	0.0675	0.0714	0.0753
0.2	0.0793	0.0832	0.0871	0.0910	0.0948	0.0987	0.1026	0.1064	0.1103	0.1141
0.3	0.1179	0.1217	0.1255	0.1293	0.1331	0.1368	0.1406	0.1443	0.1480	0.1517
0.4	0.1554	0.1591	0.1628	0.1664	0.1700	0.1736	0.1772	0.1808	0.1844	0.1879
0.5	0.1915	0.1950	0.1985	0.2019	0.2054	0.2088	0.2123	0.2157	0.2190	0.2224
0.6	0.2257	0.2291	0.2324	0.2357	0.2389	0.2422	0.2454	0.2486	0.2517	0.2549
0.7	0.2580	0.2611	0.2642	0.2673	0.2704	0.2734	0.2764	0.2794	0.2823	0.2852
0.8	0.2881	0.2910	0.2939	0.2967	0.2995	0.3023	0.3051	0.3078	0.3106	0.3133
0.9	0.3159	0.3186	0.3212	0.3238	0.3264	0.3289	0.3315	0.3340	0.3365	0.3389
1.0	0.3413	0.3438	0.3461	0.3485	0.3508	0.3531	0.3554	0.3577	0.3599	0.3621
1.1	0.3643	0.3665	0.3686	0.3708	0.3729	0.3749	0.3770	0.3790	0.3810	0.3830
1.2	0.3849	0.3869	0.3888	0.3907	0.3925	0.3944	0.3962	0.3980	0.3997	0.4015
1.3	0.4032	0.4049	0.4066	0.4082	0.4099	0.4115	0.4131	0.4147	0.4162	0.4177
1.4	0.4192	0.4207	0.4222	0.4236	0.4251	0.4265	0.4279	0.4292	0.4306	0.4319
1.5	0.4332	0.4345	0.4357	0.4370	0.4382	0.4394	0.4406	0.4418	0.4429	0.4441
1.6	0.4452	0.4463	0.4474	0.4484	0.4495	0.4505	0.4515	0.4525	0.4535	0.4545
1.7	0.4554	0.4564	0.4573	0.4582	0.4591	0.4599	0.4608	0.4616	0.4625	0.4633
1.8	0.4641	0.4649	0.4656	0.4664	0.4671	0.4678	0.4686	0.4693	0.4699	0.4706
1.9	0.4713	0.4719	0.4726	0.4732	0.4738	0.4744	0.4750	0.4756	0.4761	0.4767
2.0	0.4772	0.4778	0.4783	0.4788	0.4793	0.4798	0.4803	0.4808	0.4812	0.4817
2.1	0.4821	0.4826	0.4830	0.4834	0.4838	0.4842	0.4846	0.4850	0.4854	0.4857
2.2	0.4861	0.4864	0.4868	0.4871	0.4875	0.4878	0.4881	0.4884	0.4887	0.4890
2.3	0.4893	0.4896	0.4898	0.4901	0.4904	0.4906	0.4909	0.4911	0.4913	0.4916
2.4	0.4918	0.4920	0.4922	0.4925	0.4927	0.4929	0.4931	0.4932	0.4934	0.4936
2.5	0.4938	0.4940	0.4941	0.4943	0.4945	0.4946	0.4948	0.4949	0.4951	0.4952
2.6	0.4953	0.4955	0.4956	0.4957	0.4959	0.4960	0.4961	0.4962	0.4963	0.4964
2.7	0.4965	0.4966	0.4967	0.4968	0.4969	0.4970	0.4971	0.4972	0.4973	0.4974
2.8	0.4974	0.4975	0.4976	0.4977	0.4977	0.4978	0.4979	0.4979	0.4980	0.4981
2.9	0.4981	0.4982	0.4982	0.4983	0.4984	0.4984	0.4985	0.4985	0.4986	0.4986
3.0	0.4987	0.4987	0.4987	0.4988	0.4988	0.4989	0.4989	0.4989	0.4990	0.4990

（下 書 き 用 紙）

第６問 （選択問題）（配点 16）

花子さんと先生と太郎さんは，次の**問題**について話している。

> **問題** 座標空間に３点 A(2, 0, 3)，B(0, 2, 1)，C(6, 4, 1)がある。点 P は線分 AB 上，点 Q は xy 平面上にあるとき，線分 PQ と線分 QC の長さの和 PQ ＋ QC が最小になる点 P，Q のそれぞれの座標と，そのときの最小値を求めよ。

（数学Ⅱ・数学B・数学C第６問は次ページに続く。）

(1)

花子：点Pは線分AB上を，点Qはxy平面上をそれぞれ動くから難しいよね。

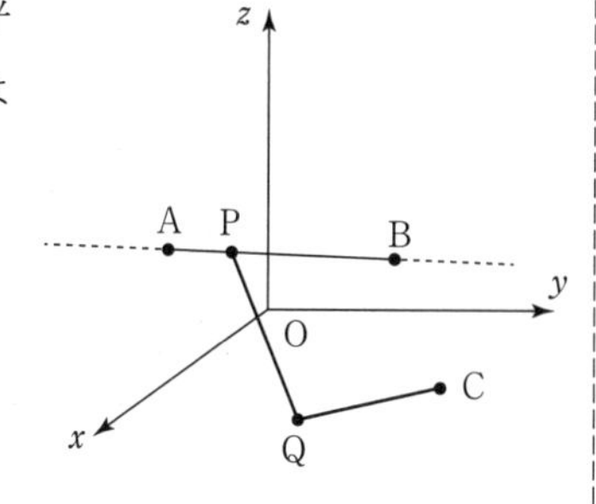

先生：線分AB上の点Pは

$$\overrightarrow{AP}=t\,\overrightarrow{AB}\ (0\leqq t\leqq 1)$$

と表せるので，

点Pの座標は

(［ア］－［イ］t, ［ウ］t, ［エ］－［オ］t)と表せますね。

ここで，tを固定します。点Pの座標が

(［ア］－［イ］t, ［ウ］t, ［エ］－［オ］t)のとき，

PQ＋QCが最小となる点Qの位置を考えてみましょう。花子さん，点Cとxy平面に関して対称な点C′の座標はどうなりますか。

花子：［カ］になります。

太郎：わかりました。PQ＋QCが最小になるのは，点Qが［キ］のときだと思います。

先生：その通り。

［カ］の解答群

⓪ (－6, －4, －1)	① (－6, －4, 1)	② (－6, 4, －1)
③ (6, －4, －1)	④ (－6, 4, 1)	⑤ (6, 4, －1)
⑥ (6, －4, 1)		

(数学Ⅱ・数学B・数学C第６問は次ページに続く。)

[キ] の解答群

⓪ 線分 PC の中点	① 線分 PC′の中点
② 直線 AC と xy 平面との交点	③ 直線 AC′と xy 平面との交点
④ 直線 BC と xy 平面との交点	⑤ 直線 BC′と xy 平面との交点
⑥ 直線 PC と xy 平面との交点	⑦ 直線 PC′と xy 平面との交点

(2) 引き続き，3 人が話している。

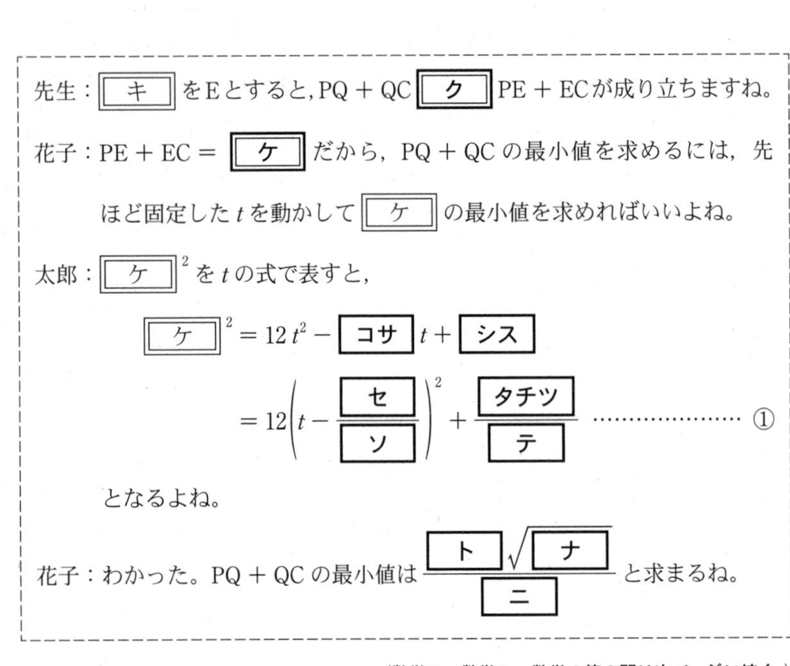

先生：[キ] をEとすると, PQ + QC [ク] PE + ECが成り立ちますね。

花子：PE + EC = [ケ] だから，PQ + QC の最小値を求めるには，先ほど固定した t を動かして [ケ] の最小値を求めればいいよね。

太郎：$\boxed{ケ}^2$ を t の式で表すと,

$$\boxed{ケ}^2 = 12t^2 - \boxed{コサ}\,t + \boxed{シス}$$

$$= 12\left(t - \frac{\boxed{セ}}{\boxed{ソ}}\right)^2 + \frac{\boxed{タチツ}}{\boxed{テ}} \quad \cdots\cdots\cdots ①$$

となるよね。

花子：わかった。PQ + QC の最小値は $\dfrac{\boxed{ト}\sqrt{\boxed{ナ}}}{\boxed{ニ}}$ と求まるね。

(数学Ⅱ・数学B・数学C第６問は次ページに続く。)

ク の解答群

⓪ $>$	① $<$	② $\geqq$	③ $\leqq$	④ $=$

ケ の解答群

⓪ PA	① PB	② PC	③ PO	④ PC′

(3) さらに，３人の会話が続いている。

花子：$t=\dfrac{\boxed{セ}}{\boxed{ソ}}$ のとき，PQ＋QC は最小になるから，最小になるときの点 P の座標は ヌ となるよね。

太郎：そのときの点 Q の座標はどうなるのかな。

先生：Q は xy 平面上の点ですね。点 P と点 C′の z 座標に着目すると，Q は線分 PC′を ネ ： ノ に内分する点になるので，Q(ハ , ヒ , フ)と求まります。

ヌ の解答群

⓪ $\left(\frac{10}{3},\ \frac{4}{3},\ \frac{5}{3}\right)$	① $\left(\frac{2}{3},\ \frac{4}{3},\ \frac{5}{3}\right)$	② $\left(\frac{2}{3},\ -\frac{4}{3},\ \frac{5}{3}\right)$
③ $\left(\frac{2}{3},\ \frac{4}{3},\ \frac{13}{3}\right)$	④ $\left(\frac{8}{3},\ \frac{10}{3},\ \frac{2}{3}\right)$	⑤ $\left(-\frac{40}{3},\ -\frac{8}{3},\ \frac{1}{3}\right)$

第４回 実戦問題

第７問 （選択問題）（配点 16）

$\alpha = -3 + \sqrt{3}\,i$，$\beta = 2 + 2\sqrt{3}\,i$ について，$\arg\dfrac{z-\beta}{z-\alpha} = \dfrac{\pi}{2}$ が成り立っている。

このとき，次の問いに答えよ。ただし，$\arg z$ は複素数 z の偏角を表し，$0 \leqq \arg z < 2\pi$ とする。

(1) $\arg\alpha = \dfrac{\boxed{\text{ア}}}{\boxed{\text{イ}}}\pi$，$\arg\beta = \dfrac{\boxed{\text{ウ}}}{\boxed{\text{エ}}}\pi$ であり，

$|\alpha - \beta| = \boxed{\text{オ}}\sqrt{\boxed{\text{カ}}}$ である。

（数学Ⅱ・数学Ｂ・数学Ｃ第７問は次ページに続く。）

(2) 花子さんと太郎さんが，点 z が描く図形について話している。

花子：複素数 α，β，z を表す点をそれぞれ A，B，P とすると，

$\arg\dfrac{z-\beta}{z-\alpha}=\dfrac{\pi}{2}$ から，$\angle\mathrm{APB}=\dfrac{\pi}{2}$ だね。

太郎：ということは，点 z が描く図形は，等式 キ で表される円のうち，

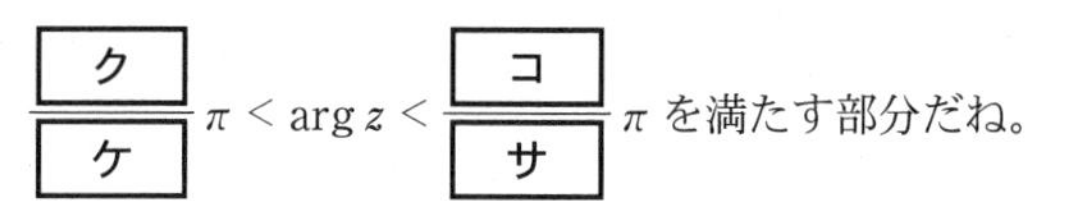

$\dfrac{\boxed{ク}}{\boxed{ケ}}\pi<\arg z<\dfrac{\boxed{コ}}{\boxed{サ}}\pi$ を満たす部分だね。

キ の解答群

⓪ $\left\|z+\dfrac{5}{2}+\dfrac{\sqrt{3}}{2}i\right\|=\sqrt{7}$	① $\left\|z+\dfrac{5}{2}+\dfrac{\sqrt{3}}{2}i\right\|=2\sqrt{7}$
② $\left\|z-\dfrac{5}{2}-\dfrac{\sqrt{3}}{2}i\right\|=2\sqrt{7}$	③ $\left\|z-\dfrac{5}{2}-\dfrac{\sqrt{3}}{2}i\right\|=\sqrt{7}$
④ $\left\|z-\dfrac{1}{2}+\dfrac{3\sqrt{3}}{2}i\right\|=\sqrt{7}$	⑤ $\left\|z-\dfrac{1}{2}+\dfrac{3\sqrt{3}}{2}i\right\|=2\sqrt{7}$
⑥ $\left\|z+\dfrac{1}{2}-\dfrac{3\sqrt{3}}{2}i\right\|=2\sqrt{7}$	⑦ $\left\|z+\dfrac{1}{2}-\dfrac{3\sqrt{3}}{2}i\right\|=\sqrt{7}$

（数学Ⅱ・数学B・数学C第７問は次ページに続く。）

(3) 花子さんと太郎さんは続きの**課題**に取り組むため，解き方を考えている。

課題

複素数γを$\gamma=\frac{9}{2}+\frac{\sqrt{3}}{2}i$とするとき，$|z-\gamma|$の最大値，またそのときの$z$の値を求めよ。

花子：複素数γを表す点をCとしよう。$|z-\gamma|$が最大値をとるとき，線分CPは円の中心Xを通るね。

太郎：そうだね。$|z-\gamma|$の最大値は線分CPの長さになるから，線分CXと線分XPの長さを足せばいいね。

花子：これを計算すると$|z-\gamma|$の最大値は［シ］$\sqrt{［ス］}$になるね。

太郎：このときのzの値も求めてみよう。点Pは線分CXを［セ］：［ソ］に外分する点だから，zは［タチ］＋［ツ］$\sqrt{［テ］}i$だね。

東進　共通テスト実戦問題集

第5回

数学Ⅱ・数学B・数学C

（100点／70分）

Ⅰ　注意事項

1　解答用紙に，正しく記入・マークされていない場合は，採点できないことがあります。特に，解答用紙の**解答科目欄にマークされていない場合又は複数の科目にマークされている場合は，0点**となることがあります。

2　試験中に問題冊子の印刷不鮮明，ページの落丁・乱丁及び解答用紙の汚れ等に気付いた場合は，手を高く挙げて監督者に知らせなさい。

3　**選択問題については，いずれか3問を選択**し，その問題番号の解答欄に解答しなさい。

4　問題冊子の余白等は適宜利用してよいが，どのページも切り離してはいけません。

5　**不正行為について**

①　不正行為に対しては厳正に対処します。

②　不正行為に見えるような行為が見受けられた場合は，監督者がカードを用いて注意します。

③　不正行為を行った場合は，その時点で受験を取りやめさせ退室させます。

6　試験終了後，問題冊子は持ち帰りなさい。

Ⅱ　解答上の注意

1　解答上の注意は，p.4に記載してあります。必ず読みなさい。

数学Ⅱ・数学Ｂ・数学Ｃ

問　題	選　択　方　法
第１問	必　　答
第２問	必　　答
第３問	必　　答
第４問	いずれか３問を選択し，解答しなさい。
第５問	
第６問	
第７問	

（下 書 き 用 紙）

第１問 （必答問題）（配点　15）

太郎さんと花子さんが次の**問題**について話している。

> **問題**
> $$\begin{cases} \log_2 (x+2) - 2\log_4 (y+3) = -1 & \cdots\cdots ① \\ \left(\dfrac{1}{3}\right)^y - 14\left(\dfrac{1}{3}\right)^{x+1} + 8 = 0 & \cdots\cdots ② \end{cases}$$
> を満たす実数 x，y を求めよ。

（数学Ⅱ・数学B・数学C第１問は次ページに続く。）

太郎：まずは真数の条件を考えると，x，y のとりうる値の範囲は

　　ア　　……………………………　③

になるね。

花子：底の変換公式を使えば，$\log_4(y+3) = \dfrac{\log_2(y+3)}{\boxed{イ}}$ となるから，

$y = \boxed{ウ}x + \boxed{エ}$　……………………………　④

が①から得られるよ。

太郎：④を②に代入して

$t = \left(\dfrac{1}{3}\right)^x$　……………………………　⑤

とおけば，②の左辺は t で表せるよ。そこから x が求められそうだ。

花子：②は

$t^2 - \boxed{オカ}t + \boxed{キク} = 0$　……………………………　⑥

と書き直せたよ。この方程式の解を⑤に代入すれば，x の値が求められるね。

太郎：t のとりうる値の範囲を考える必要があるよね。

花子：そうだったね。③，⑤から $0 < t < \boxed{ケ}$ とわかるから，⑥を解くと $t = \boxed{コ}$ となるね。

太郎：そうすると，$x = \log_3 \dfrac{\boxed{サ}}{\boxed{シ}}$，$y = \log_3 \dfrac{\boxed{ス}}{\boxed{セ}}$ になるね。

ア の解答群

⓪ $x < 0$，$y < 0$	① $x > 0$，$y > 0$	② $x > 2$，$y > 3$
③ $x > -2$，$y > -3$	④ $x < 2$，$y < 3$	⑤ $x < -2$，$y < -3$

第２問 （必答問題）（配点　15）

次の**問題**について考えよう。

> **問題** $\angle \mathrm{OBA} = \frac{\pi}{2}$，$\mathrm{OA} = 2$ である直角三角形 OAB において，辺 AB の点 A を超える延長線上に，$\mathrm{A'B} = \sqrt{3}\,\mathrm{AB}$ となる点 A′ をとり，辺 AB の点 B を超える延長線上に $\mathrm{B'B} = \mathrm{OB}$ となる点 B′ をとる。
> $\angle \mathrm{AOB} = \theta$ とするとき，$\triangle \mathrm{OA'B'}$ の面積を $f(\theta)$ とする。不等式
> $$f(\theta) < \sqrt{3} + 1 \qquad \cdots\cdots ①$$
> を満たす θ の値の範囲を求めよ。

（数学Ⅱ・数学Ｂ・数学Ｃ第２問は次ページに続く。）

△OAB は直角三角形であるから，AB ＝ [ア]，OB ＝ [イ] となる。

△OA′B′ の面積を△OA′B の面積と△OB′B の面積の和と考えると，

△OA′B ＝ [ウ]，△OB′B ＝ [エ] であるから

$f(\theta) =$ [ウ] ＋ [エ]

となる。

さらに，2倍角の公式，半角の公式を用いると

$f(\theta) = \sqrt{\boxed{オ}}\sin 2\theta + \cos 2\theta + \boxed{カ}$

この結果から，不等式①は

$\sin\left(2\theta + \dfrac{\pi}{\boxed{キ}}\right) < \dfrac{\sqrt{\boxed{ク}}}{\boxed{ケ}}$ ……………………………… ②

となる。

よって，$0 < \theta < \dfrac{\pi}{2}$ の範囲で不等式②を解くと

$0 < \theta < \dfrac{\pi}{\boxed{コサ}}$，$\dfrac{\pi}{\boxed{シ}} < \theta < \dfrac{\pi}{2}$

となる。

[ア] ～ [エ] の解答群（同じものを繰り返し選んでもよい。）

⓪ $\sin\theta$	① $\cos\theta$	② $2\sin\theta$	③ $2\cos\theta$
④ $\sqrt{3}\sin\theta\cos\theta$	⑤ $2\sqrt{3}\sin\theta\cos\theta$	⑥ $\sin^2\theta$	⑦ $\cos^2\theta$
⑧ $2\sin^2\theta$	⑨ $2\cos^2\theta$		

第３問 （必答問題）（配点　22）

〔１〕

(1)　a，b，c は定数とし，２次関数 $f(x) = ax^2 + bx + c$ が次を満たすとする。

$$f(1) = \frac{1}{6},\ f'(1) = 0,\ \int_0^1 f(x)\,dx = \frac{1}{3}$$

このとき，$a = \dfrac{\boxed{ア}}{\boxed{イ}}$，$b = \boxed{ウエ}$，$c = \dfrac{\boxed{オ}}{\boxed{カ}}$ である。

(2)　２次関数 $g(x)$ は，$0 \leqq x \leqq 2$ のとき $g(x) \geqq 0$，$2 \leqq x$ のとき $g(x) \leqq 0$ を満たすとし，$t > 2$ のとき，曲線 $y = g(x)$ と x 軸および２直線 $x = 1$，$x = t$ で囲まれた２つの部分の面積の和を W とする。

$G(x)$ を $g(x)$ の原始関数とすると，$G'(x) = \boxed{キ}$，$W = \boxed{ク}$ が成り立つ。

$t > 2$ において，$W = t^3 - 12t + 21$ と表されるとき

$$g(x) = \boxed{ケコ}\,x^{\boxed{サ}} + \boxed{シス}$$

である。

$\boxed{キ}$，$\boxed{ク}$ の解答群（同じものを繰り返し選んでもよい。）

⓪　$G(t) - G(1)$	①　$-G(t) + G(1)$
②　$g(x) - g(1)$	③　$-G(t)$
④　$G(t)$	⑤　$-G(t) - G(1) + 2G(2)$
⑥　$G(t) - G(1) + 2G(2)$	⑦　$g(x)$
⑧　$-g(x)$	

（数学Ⅱ・数学B・数学C第３問は次ページに続く。）

〔2〕 kを実数の定数とし，

$$f(x) = x^3 - 6x^2 + 9x + k - 3$$

とする。xの３次方程式$f(x) = 0$が異なる３個の実数解α，β，γ（$\alpha < \beta < \gamma$）をもつときを考える。

(1) $y = f(x)$のグラフの概形は［セ］であり，$y = f'(x)$のグラフの概形は［ソ］である。

［セ］，［ソ］については，最も適当なものを，次の⓪～⑤のうちから１つずつ選べ。ただし，同じものを繰り返し選んでもよい。

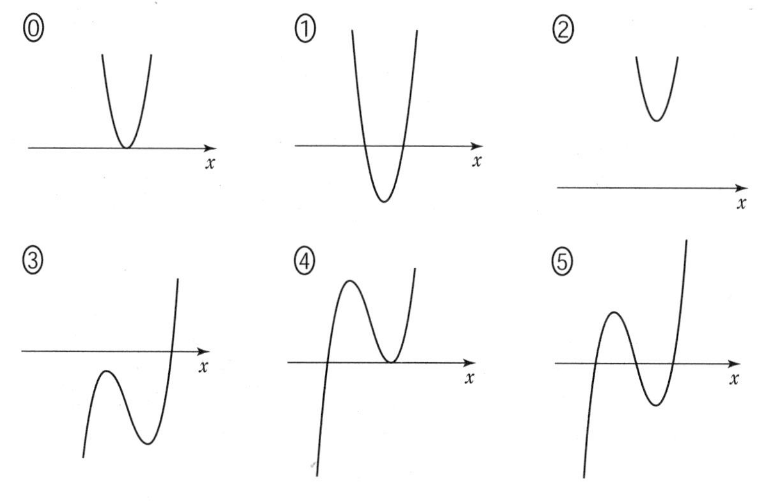

（数学Ⅱ・数学B・数学C第３問は次ページに続く。）

(2) 曲線 $y=-x^3+6x^2-9x+3$ を C，直線 $y=k$ を ℓ とすると，3次方程式 $f(x)=0$ の実数解の個数は，C と ℓ の共有点の個数に一致する。よって，$f(x)=0$ が3個の実数解をもつとき，k のとりうる値の範囲は

[タチ] $< k <$ **[ツ]** である。

(3) また，$k=$ [ツ] のとき，C と ℓ は $x=$ **[テ]** で接し，$k=$ [タチ] のとき，C と ℓ は $x=$ **[ト]** で接するから，β のとりうる値の範囲は

[ナ] $< \beta <$ **[ニ]** である。

（下 書 き 用 紙）

第4問 （選択問題）（配点 16）

あるスーパーでは，毎週月曜日に，3種類のアイスクリームA，B，Cを，第1週目はA，第2週目はB，第3週目はC，第4週目はA，第5週目はB，第6週目はC，第7週目はA，…といった順番で仕入れて販売している。

このアイスクリームは，消費期限の関係で，仕入れた日から3週間しか販売することができないため，3週間で売れずに残ってしまったアイスクリームは，日曜日の営業時間が終了した後に廃棄処分される。

また，アイスクリームは，前の週に売れた量と日曜日に廃棄処分した量の合計を，月曜日の営業時間前に仕入れて販売している。したがって，毎週月曜日の開店時には，常に一定量Mのアイスクリームが店頭に並んでいることになる。店頭には仕入れた週が違う3種類のアイスクリームA，B，Cが並ぶことになるが，この3種類のアイスクリームは1週間の間にいずれも月曜日時点の在庫量の半分ずつが売れるものとする。

$n=1, 2, 3, \cdots$とし，n週目に仕入れるアイスクリームの量をa_n(kg)とする。ただし，Mを正の定数とし，$a_1=M$とする。

（数学Ⅱ・数学B・数学C第4問は次ページに続く。）

(1) 1週目に仕入れたアイスクリームは，半分の量の $\frac{1}{2}M$ が売れるため，2週目に仕入れる量は $a_2 = \frac{\boxed{\text{ア}}}{\boxed{\text{イ}}}M$ である。

また，2週目が終わった時点では，1週目に仕入れたアイスクリームが $\frac{1}{4}M$，2週目に仕入れたアイスクリームが $\frac{1}{2}a_2$ 売れるため，3週目に仕入れる量は

$a_3 = \frac{\boxed{\text{ウ}}}{\boxed{\text{エ}}}M$ である。

さらに，3週目が終わった時点では，1週目に仕入れたアイスクリームは破棄処分し，2週目に仕入れたアイスクリームは $\frac{1}{4}a_2$ 売れ，3週目に仕入れたアイスクリームは $\frac{1}{2}a_3$ 売れるため，4週目に仕入れる量は $a_4 = \frac{\boxed{\text{オ}}}{\boxed{\text{カ}}}M$ である。

(2) $(n+2)$ 週目の月曜日の開店時には，n 週目，$(n+1)$ 週目，$(n+2)$ 週目に仕入れたアイスクリームが店頭に並んでいるので

$$a_{n+2} + \frac{\boxed{\text{キ}}}{\boxed{\text{ク}}}a_{n+1} + \frac{\boxed{\text{ケ}}}{\boxed{\text{コ}}}a_n = M \quad \cdots\cdots ①$$

が成り立ち，①の n を $n+1$ に置き換えると

$$a_{n+3} + \frac{\boxed{\text{キ}}}{\boxed{\text{ク}}}a_{n+2} + \frac{\boxed{\text{ケ}}}{\boxed{\text{コ}}}a_{n+1} = M \quad \cdots\cdots ②$$

となる。①，②より

$$a_{n+3} = \frac{\boxed{\text{サ}}}{\boxed{\text{シ}}}a_n + \frac{\boxed{\text{ス}}}{\boxed{\text{セ}}}M \quad \cdots\cdots ③$$

である。

（数学Ⅱ・数学B・数学C第4問は次ページに続く。）

(3) 漸化式③は

$$a_{n+3} - \frac{\boxed{ソ}}{\boxed{タ}}M = \frac{\boxed{サ}}{\boxed{シ}}\left(a_n - \frac{\boxed{ソ}}{\boxed{タ}}M\right)$$

と変形できる。これより，m を自然数とするとき

$$a_{3m} = -\frac{\boxed{チ}}{\boxed{ツテ}}M\left(\frac{\boxed{サ}}{\boxed{シ}}\right)^{m-1} + \frac{\boxed{ソ}}{\boxed{タ}}M$$

である。

(4) １週目から $3n$ 週目までに仕入れたアイスクリームの総量は

$$\sum_{k=1}^{3n} a_k = \frac{\boxed{トナ}}{\boxed{ニヌ}}M\left\{1 - \left(\frac{\boxed{サ}}{\boxed{シ}}\right)^{\boxed{ネ}}\right\} + \frac{\boxed{ノハ}}{\boxed{ヒ}}Mn$$

である。

ネ の解答群

⓪ $n-1$	① n	② $n+1$	③ $3n$

（下 書 き 用 紙）

第５問 （選択問題）（配点　16）

以下の問題を解答にするにあたっては，必要に応じて 137 ページの正規分布表を用いてもよい。

ある高校の数学クラブでは，インターネットショッピングの利用が増加していることを題材に，校内発表をすることになった。そこで，インターネットショッピングの利用状況を，昨年までのデータと今年のデータで比較することにした。

(1) インターネットショッピングの１世帯あたりの月支出額（万円）を表す確率変数を X とする。昨年までのデータによると，X は正規分布 $N(3.1,\ 0.9^2)$ に従うことがわかった。$Z=$ ［ア］ とすると，確率変数 Z は標準正規分布 $N(0,\ 1)$ に従う。

このとき，月４万円以上支出した世帯の割合は，およそ ［イ］ ％である。

［ア］ の解答群

⓪ $\dfrac{X-0.9}{3.1}$	① $\dfrac{0.9-X}{3.1}$	② $\dfrac{X-3.1}{0.9}$	③ $\dfrac{3.1-X}{0.9}$

［イ］ の解答群

⓪ 14	① 16	② 34	③ 46

（数学Ⅱ・数学B・数学C第５問は次ページに続く。）

(2) インターネットショッピングの利用額が，今年に入って増加しているというニュースを見た。X が母平均 3.1，母標準偏差 0.9 の正規分布 $N(3.1,\ 0.9^2)$ に従っているとすると，大きさ 100 の無作為標本について，標本平均 $\overline{X}$ は，平均（期待値）［ウ］.［エ］，標準偏差［オ］.［カキ］の正規分布に従う。

今年新たに，無作為に標本抽出した 100 世帯に対して調査を行ったところ，その平均値は，$\overline{X} = 3.28$ であった。$\overline{X} \geqq 3.28$ となる確率は，0.［クケコ］であり，このようなことが起こる確率は非常に小さいことがわかる。

(3) 今年に入ってインターネットショッピングで月に 4 万円以上の支出がある世帯の比率 p を推定するために，p に対する信頼度 95% の信頼区間 $C_1 \leqq p \leqq C_2$ を求める。

調査結果によれば，100 世帯のうち 20 世帯で月の支出額が 4 万円以上であった。したがって，月に 4 万円以上支出する世帯の標本比率 R は $R = 0.$［サ］である。標本の大きさ 100 は十分に大きいので，R は近似的に正規分布［シ］に従う。

したがって，大数の法則より，R は p とほぼ同じであるとみなすことができ，$R = p$ として計算すると，$C_1 = 0.$［スセ］，$C_2 = 0.$［ソタ］となる。

［シ］の解答群

⓪ $N\left(p,\ \dfrac{p(1-p)}{100^2}\right)$	① $N\left(p,\ \dfrac{p(1-p)}{100}\right)$
② $N\left(p,\ \dfrac{p(1-p)}{10}\right)$	③ $N(p,\ p(1-p))$

（数学Ⅱ・数学Ｂ・数学Ｃ第５問は次ページに続く。）

第５回 実戦問題

(4) また，(3)の母比率 p に対する信頼度 95% の信頼区間 $C_1 \leqq p \leqq C_2$ についての記述として正しいものは，チ である。

チ の解答群

⓪ 大きさ 100 の標本を 100 回無作為抽出すれば，そのうち 95 回程度は，標本比率 R は母比率 p となる。

① 大きさ 100 の標本を繰り返し無作為抽出したとき，おのおのの標本から計算される信頼区間の幅の 95% 程度の中に標本比率 R が含まれる。

② 大きさ 100 の標本を繰り返し無作為抽出したとき，おのおのの標本から計算される信頼区間のうち，95% 程度が母比率 p を含んでいる。

③ 標本として抽出された世帯の $(100 \times C_1)$% 以上，$(100 \times C_2)$% 以下が，月平均支出額が 4 万円以上である。

（数学Ⅱ・数学B・数学C第5問は次ページに続く。）

正 規 分 布 表

次の表は，標準正規分布の分布曲線における右図の灰色部分の面積の値をまとめたものである。

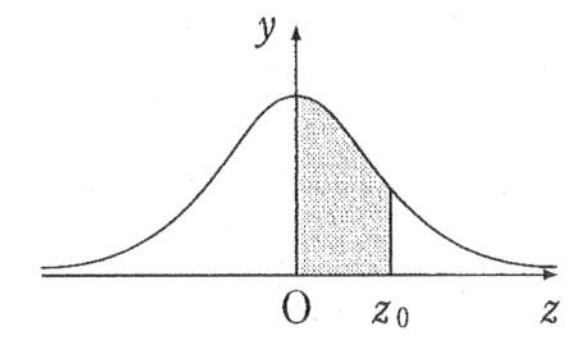

z_0	0.00	0.01	0.02	0.03	0.04	0.05	0.06	0.07	0.08	0.09
0.0	0.0000	0.0040	0.0080	0.0120	0.0160	0.0199	0.0239	0.0279	0.0319	0.0359
0.1	0.0398	0.0438	0.0478	0.0517	0.0557	0.0596	0.0636	0.0675	0.0714	0.0753
0.2	0.0793	0.0832	0.0871	0.0910	0.0948	0.0987	0.1026	0.1064	0.1103	0.1141
0.3	0.1179	0.1217	0.1255	0.1293	0.1331	0.1368	0.1406	0.1443	0.1480	0.1517
0.4	0.1554	0.1591	0.1628	0.1664	0.1700	0.1736	0.1772	0.1808	0.1844	0.1879
0.5	0.1915	0.1950	0.1985	0.2019	0.2054	0.2088	0.2123	0.2157	0.2190	0.2224
0.6	0.2257	0.2291	0.2324	0.2357	0.2389	0.2422	0.2454	0.2486	0.2517	0.2549
0.7	0.2580	0.2611	0.2642	0.2673	0.2704	0.2734	0.2764	0.2794	0.2823	0.2852
0.8	0.2881	0.2910	0.2939	0.2967	0.2995	0.3023	0.3051	0.3078	0.3106	0.3133
0.9	0.3159	0.3186	0.3212	0.3238	0.3264	0.3289	0.3315	0.3340	0.3365	0.3389
1.0	0.3413	0.3438	0.3461	0.3485	0.3508	0.3531	0.3554	0.3577	0.3599	0.3621
1.1	0.3643	0.3665	0.3686	0.3708	0.3729	0.3749	0.3770	0.3790	0.3810	0.3830
1.2	0.3849	0.3869	0.3888	0.3907	0.3925	0.3944	0.3962	0.3980	0.3997	0.4015
1.3	0.4032	0.4049	0.4066	0.4082	0.4099	0.4115	0.4131	0.4147	0.4162	0.4177
1.4	0.4192	0.4207	0.4222	0.4236	0.4251	0.4265	0.4279	0.4292	0.4306	0.4319
1.5	0.4332	0.4345	0.4357	0.4370	0.4382	0.4394	0.4406	0.4418	0.4429	0.4441
1.6	0.4452	0.4463	0.4474	0.4484	0.4495	0.4505	0.4515	0.4525	0.4535	0.4545
1.7	0.4554	0.4564	0.4573	0.4582	0.4591	0.4599	0.4608	0.4616	0.4625	0.4633
1.8	0.4641	0.4649	0.4656	0.4664	0.4671	0.4678	0.4686	0.4693	0.4699	0.4706
1.9	0.4713	0.4719	0.4726	0.4732	0.4738	0.4744	0.4750	0.4756	0.4761	0.4767
2.0	0.4772	0.4778	0.4783	0.4788	0.4793	0.4798	0.4803	0.4808	0.4812	0.4817
2.1	0.4821	0.4826	0.4830	0.4834	0.4838	0.4842	0.4846	0.4850	0.4854	0.4857
2.2	0.4861	0.4864	0.4868	0.4871	0.4875	0.4878	0.4881	0.4884	0.4887	0.4890
2.3	0.4893	0.4896	0.4898	0.4901	0.4904	0.4906	0.4909	0.4911	0.4913	0.4916
2.4	0.4918	0.4920	0.4922	0.4925	0.4927	0.4929	0.4931	0.4932	0.4934	0.4936
2.5	0.4938	0.4940	0.4941	0.4943	0.4945	0.4946	0.4948	0.4949	0.4951	0.4952
2.6	0.4953	0.4955	0.4956	0.4957	0.4959	0.4960	0.4961	0.4962	0.4963	0.4964
2.7	0.4965	0.4966	0.4967	0.4968	0.4969	0.4970	0.4971	0.4972	0.4973	0.4974
2.8	0.4974	0.4975	0.4976	0.4977	0.4977	0.4978	0.4979	0.4979	0.4980	0.4981
2.9	0.4981	0.4982	0.4982	0.4983	0.4984	0.4984	0.4985	0.4985	0.4986	0.4986
3.0	0.4987	0.4987	0.4987	0.4988	0.4988	0.4989	0.4989	0.4989	0.4990	0.4990

第６問 （選択問題）（配点　16）

$\mathrm{OA}=5,\ \mathrm{AB}=7,\ \mathrm{OB}=8$ である△OAB について，$\overrightarrow{\mathrm{OA}}=\vec{a},\ \overrightarrow{\mathrm{OB}}=\vec{b}$ とする。

△OAB の重心を G とすると，

$$\vec{a}\cdot\vec{b}=\boxed{\text{アイ}},\quad \overrightarrow{\mathrm{OG}}=\frac{\vec{a}+\vec{b}}{\boxed{\text{ウ}}}$$

である。

(1) △OAB の外心 P について

$$\overrightarrow{\mathrm{OP}}\cdot\vec{a}=\frac{1}{\boxed{\text{エ}}}|\vec{a}|^2 \text{ かつ } \overrightarrow{\mathrm{OP}}\cdot\vec{b}=\frac{1}{\boxed{\text{エ}}}|\vec{b}|^2 \quad \cdots\cdots\cdots\cdots ①$$

が成り立つ。また，△OAB の垂心 H について

$$\vec{a}\cdot\overrightarrow{\mathrm{BH}}=0 \text{ かつ } \vec{b}\cdot\overrightarrow{\mathrm{AH}}=0$$

より

$$\overrightarrow{\mathrm{OH}}\cdot\vec{a}=\overrightarrow{\mathrm{OH}}\cdot\vec{b}=\boxed{\text{オ}} \quad \cdots\cdots\cdots\cdots ②$$

が成り立つ。

オ の解答群

⓪ $2\vec{a}\cdot\vec{b}$	① $\vec{a}\cdot\vec{b}$	② $\frac{1}{2}\vec{a}\cdot\vec{b}$
③ $-2\vec{a}\cdot\vec{b}$	④ $-\vec{a}\cdot\vec{b}$	⑤ $-\frac{1}{2}\vec{a}\cdot\vec{b}$

（数学Ⅱ・数学B・数学C第６問は次ページに続く。）

(2) ①，②を利用して $\overrightarrow{\mathrm{OP}}$，$\overrightarrow{\mathrm{OH}}$ を $\vec{a}$ と $\vec{b}$ を用いて表すと

$$\overrightarrow{\mathrm{OP}} = \frac{\boxed{カ}}{\boxed{キク}}\vec{a} + \frac{\boxed{ケコ}}{\boxed{サシ}}\vec{b}$$

$$\overrightarrow{\mathrm{OH}} = \frac{\boxed{スセ}}{\boxed{ソタ}}\vec{a} + \frac{1}{\boxed{チツ}}\vec{b}$$

となる。これより，△OABの垂心H，重心G，外心Pは同一線上にあり，

HG：GP ＝ $\boxed{テ}$ ：1であることがわかる。

(3) △OABの内接円と辺OA，AB，OBとの接点をそれぞれS，T，Uとすると，

$\dfrac{\mathrm{OS}}{\mathrm{SA}}\cdot\dfrac{\mathrm{AT}}{\mathrm{TB}}\cdot\dfrac{\mathrm{BU}}{\mathrm{UO}}$ の値は $\boxed{ト}$ である。したがって，チェバの定理の逆から，

3直線AU，BS，OTは1点で交わることがわかる。この交点をFとする。

ここで，OS ＝ $\boxed{ナ}$ であるから，

$$\overrightarrow{\mathrm{OF}} = \frac{\boxed{ニヌ}}{\boxed{ネノ}}\vec{a} + \frac{\boxed{ハ}}{\boxed{ヒフ}}\vec{b}$$

である。

第5回 実戦問題

第７問 （選択問題）（配点　16）

〔1〕 O を原点とする座標平面上に楕円 $E : \dfrac{x^2}{16} + \dfrac{y^2}{9} = 1$ がある。

角 θ を媒介変数として楕円 E を表すと，$x =$ [ア]，$y =$ [イ] となる。

楕円 E の第１象限の部分に点 P([ア], [イ]) をとり，点 P における楕円の接線を ℓ とすると，ℓ の方程式は，[ウ] となる。

直線 ℓ と x 軸，y 軸との交点をそれぞれ A，B とすると，△OAB の面積の最小値は [エオ] であり，このときの点 P の座標は，

$$\left(\boxed{カ}\sqrt{\boxed{キ}},\ \frac{\boxed{ク}\sqrt{\boxed{ケ}}}{\boxed{コ}} \right)$$

である。

（数学Ⅱ・数学B・数学C第７問は次ページに続く。）

ア , イ の解答群（同じものを繰り返し選んでもよい。）

⓪ $4\cos\theta$	① $9\cos\theta$	② $16\cos\theta$
③ $3\sin\theta$	④ $6\sin\theta$	⑤ $8\sin\theta$

ウ の解答群

⓪ $\dfrac{\cos\theta}{3}x-\dfrac{\sin\theta}{4}y=1$	① $\dfrac{\cos\theta}{4}x-\dfrac{\sin\theta}{3}y=1$
② $\dfrac{\cos\theta}{3}x+\dfrac{\sin\theta}{4}y=1$	③ $\dfrac{\cos\theta}{4}x+\dfrac{\sin\theta}{3}y=1$
④ $\dfrac{\cos\theta}{9}x-\dfrac{\sin\theta}{16}y=1$	⑤ $\dfrac{\cos\theta}{16}x-\dfrac{\sin\theta}{9}y=1$
⑥ $\dfrac{\cos\theta}{9}x+\dfrac{\sin\theta}{16}y=1$	⑦ $\dfrac{\cos\theta}{16}x+\dfrac{\sin\theta}{9}y=1$

（数学Ⅱ・数学B・数学C第７問は次ページに続く。）

〔２〕 k を定数とするとき，次の方程式について考える。

$$x^3 + kx^2 + 4kx - 16 = 0 \quad \cdots\cdots \text{①}$$

(1) 方程式①が $x = 1$ を解にもつとき，$k =$ [サ] である。このとき，①の左辺を因数分解すると，

$$x^3 + kx^2 + 4kx - 16 = (x - 1)\left(x^2 + \boxed{\text{シ}}\,x + \boxed{\text{スセ}}\right)$$

となる。

①の $x = 1$ 以外の解で，虚部が正のものを α とする。

α を極形式で表すと，

$$\alpha = \boxed{\text{ソ}}\left(\cos\frac{\boxed{\text{タ}}}{\boxed{\text{チ}}}\pi + i\sin\frac{\boxed{\text{タ}}}{\boxed{\text{チ}}}\pi\right)$$

となる。

（数学Ⅱ・数学Ｂ・数学Ｃ第７問は次ページに続く。）

(2) 複素数平面上において，3 点 $A(\alpha)$，$B\left(c+\frac{\sqrt{3}}{2}i\right)$，$C(2+\sqrt{3}\,i)$ が一直線上にある。

このとき，$c=$ **ツ** である。

また，$c=$ ツ のとき，$\alpha+c$ を極形式で表すと，

$$\alpha+c=\boxed{テ}\left(\cos\frac{\boxed{ト}}{\boxed{ナ}}\pi+i\sin\frac{ト}{ナ}\pi\right)$$

となり，

$$(\alpha+c)^6=\boxed{ニヌネノ}$$

である。

(下 書 き 用 紙)

東進　共通テスト実戦問題集　数学②　　解答用紙・第１面

マーク例

良い例	悪い例
●	⊙ ◓ O ⊗

受験番号を記入し，その下のマーク欄にマークしなさい。

受験番号欄				
千位	百位	十位	一位	英字
−	⓪	⓪	⓪	Ⓐ
①	①	①	①	Ⓑ
②	②	②	②	Ⓒ
③	③	③	③	Ⓗ
④	④	④	④	Ⓚ
⑤	⑤	⑤	⑤	Ⓜ
⑥	⑥	⑥	⑥	Ⓡ
⑦	⑦	⑦	⑦	Ⓤ
⑧	⑧	⑧	⑧	Ⓧ
⑨	⑨	⑨	⑨	Ⓨ
−	−	−	−	Ⓩ

氏名・フリガナ，試験場コードを記入しなさい。

フリガナ						
氏名						
試験場コード	十万位	万位	千位	百位	十位	一位

1	解答欄										
	−	0	1	2	3	4	5	6	7	8	9
ア	⊖	⓪	①	②	③	④	⑤	⑥	⑦	⑧	⑨
イ	⊖	⓪	①	②	③	④	⑤	⑥	⑦	⑧	⑨
ウ	⊖	⓪	①	②	③	④	⑤	⑥	⑦	⑧	⑨
エ	⊖	⓪	①	②	③	④	⑤	⑥	⑦	⑧	⑨
オ	⊖	⓪	①	②	③	④	⑤	⑥	⑦	⑧	⑨
カ	⊖	⓪	①	②	③	④	⑤	⑥	⑦	⑧	⑨
キ	⊖	⓪	①	②	③	④	⑤	⑥	⑦	⑧	⑨
ク	⊖	⓪	①	②	③	④	⑤	⑥	⑦	⑧	⑨
ケ	⊖	⓪	①	②	③	④	⑤	⑥	⑦	⑧	⑨
コ	⊖	⓪	①	②	③	④	⑤	⑥	⑦	⑧	⑨
サ	⊖	⓪	①	②	③	④	⑤	⑥	⑦	⑧	⑨
シ	⊖	⓪	①	②	③	④	⑤	⑥	⑦	⑧	⑨
ス	⊖	⓪	①	②	③	④	⑤	⑥	⑦	⑧	⑨
セ	⊖	⓪	①	②	③	④	⑤	⑥	⑦	⑧	⑨
ソ	⊖	⓪	①	②	③	④	⑤	⑥	⑦	⑧	⑨
タ	⊖	⓪	①	②	③	④	⑤	⑥	⑦	⑧	⑨
チ	⊖	⓪	①	②	③	④	⑤	⑥	⑦	⑧	⑨
ツ	⊖	⓪	①	②	③	④	⑤	⑥	⑦	⑧	⑨
テ	⊖	⓪	①	②	③	④	⑤	⑥	⑦	⑧	⑨
ト	⊖	⓪	①	②	③	④	⑤	⑥	⑦	⑧	⑨
ナ	⊖	⓪	①	②	③	④	⑤	⑥	⑦	⑧	⑨
ニ	⊖	⓪	①	②	③	④	⑤	⑥	⑦	⑧	⑨
ヌ	⊖	⓪	①	②	③	④	⑤	⑥	⑦	⑧	⑨
ネ	⊖	⓪	①	②	③	④	⑤	⑥	⑦	⑧	⑨
ノ	⊖	⓪	①	②	③	④	⑤	⑥	⑦	⑧	⑨
ハ	⊖	⓪	①	②	③	④	⑤	⑥	⑦	⑧	⑨
ヒ	⊖	⓪	①	②	③	④	⑤	⑥	⑦	⑧	⑨
フ	⊖	⓪	①	②	③	④	⑤	⑥	⑦	⑧	⑨
ヘ	⊖	⓪	①	②	③	④	⑤	⑥	⑦	⑧	⑨
ホ	⊖	⓪	①	②	③	④	⑤	⑥	⑦	⑧	⑨

2	解答欄										
	−	0	1	2	3	4	5	6	7	8	9
ア	⊖	⓪	①	②	③	④	⑤	⑥	⑦	⑧	⑨
イ	⊖	⓪	①	②	③	④	⑤	⑥	⑦	⑧	⑨
ウ	⊖	⓪	①	②	③	④	⑤	⑥	⑦	⑧	⑨
エ	⊖	⓪	①	②	③	④	⑤	⑥	⑦	⑧	⑨
オ	⊖	⓪	①	②	③	④	⑤	⑥	⑦	⑧	⑨
カ	⊖	⓪	①	②	③	④	⑤	⑥	⑦	⑧	⑨
キ	⊖	⓪	①	②	③	④	⑤	⑥	⑦	⑧	⑨
ク	⊖	⓪	①	②	③	④	⑤	⑥	⑦	⑧	⑨
ケ	⊖	⓪	①	②	③	④	⑤	⑥	⑦	⑧	⑨
コ	⊖	⓪	①	②	③	④	⑤	⑥	⑦	⑧	⑨
サ	⊖	⓪	①	②	③	④	⑤	⑥	⑦	⑧	⑨
シ	⊖	⓪	①	②	③	④	⑤	⑥	⑦	⑧	⑨
ス	⊖	⓪	①	②	③	④	⑤	⑥	⑦	⑧	⑨
セ	⊖	⓪	①	②	③	④	⑤	⑥	⑦	⑧	⑨
ソ	⊖	⓪	①	②	③	④	⑤	⑥	⑦	⑧	⑨
タ	⊖	⓪	①	②	③	④	⑤	⑥	⑦	⑧	⑨
チ	⊖	⓪	①	②	③	④	⑤	⑥	⑦	⑧	⑨
ツ	⊖	⓪	①	②	③	④	⑤	⑥	⑦	⑧	⑨
テ	⊖	⓪	①	②	③	④	⑤	⑥	⑦	⑧	⑨
ト	⊖	⓪	①	②	③	④	⑤	⑥	⑦	⑧	⑨
ナ	⊖	⓪	①	②	③	④	⑤	⑥	⑦	⑧	⑨
ニ	⊖	⓪	①	②	③	④	⑤	⑥	⑦	⑧	⑨
ヌ	⊖	⓪	①	②	③	④	⑤	⑥	⑦	⑧	⑨
ネ	⊖	⓪	①	②	③	④	⑤	⑥	⑦	⑧	⑨
ノ	⊖	⓪	①	②	③	④	⑤	⑥	⑦	⑧	⑨
ハ	⊖	⓪	①	②	③	④	⑤	⑥	⑦	⑧	⑨
ヒ	⊖	⓪	①	②	③	④	⑤	⑥	⑦	⑧	⑨
フ	⊖	⓪	①	②	③	④	⑤	⑥	⑦	⑧	⑨
ヘ	⊖	⓪	①	②	③	④	⑤	⑥	⑦	⑧	⑨
ホ	⊖	⓪	①	②	③	④	⑤	⑥	⑦	⑧	⑨

3	解答欄										
	−	0	1	2	3	4	5	6	7	8	9
ア	⊖	⓪	①	②	③	④	⑤	⑥	⑦	⑧	⑨
イ	⊖	⓪	①	②	③	④	⑤	⑥	⑦	⑧	⑨
ウ	⊖	⓪	①	②	③	④	⑤	⑥	⑦	⑧	⑨
エ	⊖	⓪	①	②	③	④	⑤	⑥	⑦	⑧	⑨
オ	⊖	⓪	①	②	③	④	⑤	⑥	⑦	⑧	⑨
カ	⊖	⓪	①	②	③	④	⑤	⑥	⑦	⑧	⑨
キ	⊖	⓪	①	②	③	④	⑤	⑥	⑦	⑧	⑨
ク	⊖	⓪	①	②	③	④	⑤	⑥	⑦	⑧	⑨
ケ	⊖	⓪	①	②	③	④	⑤	⑥	⑦	⑧	⑨
コ	⊖	⓪	①	②	③	④	⑤	⑥	⑦	⑧	⑨
サ	⊖	⓪	①	②	③	④	⑤	⑥	⑦	⑧	⑨
シ	⊖	⓪	①	②	③	④	⑤	⑥	⑦	⑧	⑨
ス	⊖	⓪	①	②	③	④	⑤	⑥	⑦	⑧	⑨
セ	⊖	⓪	①	②	③	④	⑤	⑥	⑦	⑧	⑨
ソ	⊖	⓪	①	②	③	④	⑤	⑥	⑦	⑧	⑨
タ	⊖	⓪	①	②	③	④	⑤	⑥	⑦	⑧	⑨
チ	⊖	⓪	①	②	③	④	⑤	⑥	⑦	⑧	⑨
ツ	⊖	⓪	①	②	③	④	⑤	⑥	⑦	⑧	⑨
テ	⊖	⓪	①	②	③	④	⑤	⑥	⑦	⑧	⑨
ト	⊖	⓪	①	②	③	④	⑤	⑥	⑦	⑧	⑨
ナ	⊖	⓪	①	②	③	④	⑤	⑥	⑦	⑧	⑨
ニ	⊖	⓪	①	②	③	④	⑤	⑥	⑦	⑧	⑨
ヌ	⊖	⓪	①	②	③	④	⑤	⑥	⑦	⑧	⑨
ネ	⊖	⓪	①	②	③	④	⑤	⑥	⑦	⑧	⑨
ノ	⊖	⓪	①	②	③	④	⑤	⑥	⑦	⑧	⑨
ハ	⊖	⓪	①	②	③	④	⑤	⑥	⑦	⑧	⑨
ヒ	⊖	⓪	①	②	③	④	⑤	⑥	⑦	⑧	⑨
フ	⊖	⓪	①	②	③	④	⑤	⑥	⑦	⑧	⑨
ヘ	⊖	⓪	①	②	③	④	⑤	⑥	⑦	⑧	⑨
ホ	⊖	⓪	①	②	③	④	⑤	⑥	⑦	⑧	⑨

東進　共通テスト実戦問題集　数学②　　解答用紙・第２面

4

	解答欄										
	−	0	1	2	3	4	5	6	7	8	9
ア	⊖	⓪	①	②	③	④	⑤	⑥	⑦	⑧	⑨
イ	⊖	⓪	①	②	③	④	⑤	⑥	⑦	⑧	⑨
ウ	⊖	⓪	①	②	③	④	⑤	⑥	⑦	⑧	⑨
エ	⊖	⓪	①	②	③	④	⑤	⑥	⑦	⑧	⑨
オ	⊖	⓪	①	②	③	④	⑤	⑥	⑦	⑧	⑨
カ	⊖	⓪	①	②	③	④	⑤	⑥	⑦	⑧	⑨
キ	⊖	⓪	①	②	③	④	⑤	⑥	⑦	⑧	⑨
ク	⊖	⓪	①	②	③	④	⑤	⑥	⑦	⑧	⑨
ケ	⊖	⓪	①	②	③	④	⑤	⑥	⑦	⑧	⑨
コ	⊖	⓪	①	②	③	④	⑤	⑥	⑦	⑧	⑨
サ	⊖	⓪	①	②	③	④	⑤	⑥	⑦	⑧	⑨
シ	⊖	⓪	①	②	③	④	⑤	⑥	⑦	⑧	⑨
ス	⊖	⓪	①	②	③	④	⑤	⑥	⑦	⑧	⑨
セ	⊖	⓪	①	②	③	④	⑤	⑥	⑦	⑧	⑨
ソ	⊖	⓪	①	②	③	④	⑤	⑥	⑦	⑧	⑨
タ	⊖	⓪	①	②	③	④	⑤	⑥	⑦	⑧	⑨
チ	⊖	⓪	①	②	③	④	⑤	⑥	⑦	⑧	⑨
ツ	⊖	⓪	①	②	③	④	⑤	⑥	⑦	⑧	⑨
テ	⊖	⓪	①	②	③	④	⑤	⑥	⑦	⑧	⑨
ト	⊖	⓪	①	②	③	④	⑤	⑥	⑦	⑧	⑨
ナ	⊖	⓪	①	②	③	④	⑤	⑥	⑦	⑧	⑨
ニ	⊖	⓪	①	②	③	④	⑤	⑥	⑦	⑧	⑨
ヌ	⊖	⓪	①	②	③	④	⑤	⑥	⑦	⑧	⑨
ネ	⊖	⓪	①	②	③	④	⑤	⑥	⑦	⑧	⑨
ノ	⊖	⓪	①	②	③	④	⑤	⑥	⑦	⑧	⑨
ハ	⊖	⓪	①	②	③	④	⑤	⑥	⑦	⑧	⑨
ヒ	⊖	⓪	①	②	③	④	⑤	⑥	⑦	⑧	⑨
フ	⊖	⓪	①	②	③	④	⑤	⑥	⑦	⑧	⑨
ヘ	⊖	⓪	①	②	③	④	⑤	⑥	⑦	⑧	⑨
ホ	⊖	⓪	①	②	③	④	⑤	⑥	⑦	⑧	⑨

5

	解答欄										
	−	0	1	2	3	4	5	6	7	8	9
ア	⊖	⓪	①	②	③	④	⑤	⑥	⑦	⑧	⑨
イ	⊖	⓪	①	②	③	④	⑤	⑥	⑦	⑧	⑨
ウ	⊖	⓪	①	②	③	④	⑤	⑥	⑦	⑧	⑨
エ	⊖	⓪	①	②	③	④	⑤	⑥	⑦	⑧	⑨
オ	⊖	⓪	①	②	③	④	⑤	⑥	⑦	⑧	⑨
カ	⊖	⓪	①	②	③	④	⑤	⑥	⑦	⑧	⑨
キ	⊖	⓪	①	②	③	④	⑤	⑥	⑦	⑧	⑨
ク	⊖	⓪	①	②	③	④	⑤	⑥	⑦	⑧	⑨
ケ	⊖	⓪	①	②	③	④	⑤	⑥	⑦	⑧	⑨
コ	⊖	⓪	①	②	③	④	⑤	⑥	⑦	⑧	⑨
サ	⊖	⓪	①	②	③	④	⑤	⑥	⑦	⑧	⑨
シ	⊖	⓪	①	②	③	④	⑤	⑥	⑦	⑧	⑨
ス	⊖	⓪	①	②	③	④	⑤	⑥	⑦	⑧	⑨
セ	⊖	⓪	①	②	③	④	⑤	⑥	⑦	⑧	⑨
ソ	⊖	⓪	①	②	③	④	⑤	⑥	⑦	⑧	⑨
タ	⊖	⓪	①	②	③	④	⑤	⑥	⑦	⑧	⑨
チ	⊖	⓪	①	②	③	④	⑤	⑥	⑦	⑧	⑨
ツ	⊖	⓪	①	②	③	④	⑤	⑥	⑦	⑧	⑨
テ	⊖	⓪	①	②	③	④	⑤	⑥	⑦	⑧	⑨
ト	⊖	⓪	①	②	③	④	⑤	⑥	⑦	⑧	⑨
ナ	⊖	⓪	①	②	③	④	⑤	⑥	⑦	⑧	⑨
ニ	⊖	⓪	①	②	③	④	⑤	⑥	⑦	⑧	⑨
ヌ	⊖	⓪	①	②	③	④	⑤	⑥	⑦	⑧	⑨
ネ	⊖	⓪	①	②	③	④	⑤	⑥	⑦	⑧	⑨
ノ	⊖	⓪	①	②	③	④	⑤	⑥	⑦	⑧	⑨
ハ	⊖	⓪	①	②	③	④	⑤	⑥	⑦	⑧	⑨
ヒ	⊖	⓪	①	②	③	④	⑤	⑥	⑦	⑧	⑨
フ	⊖	⓪	①	②	③	④	⑤	⑥	⑦	⑧	⑨
ヘ	⊖	⓪	①	②	③	④	⑤	⑥	⑦	⑧	⑨
ホ	⊖	⓪	①	②	③	④	⑤	⑥	⑦	⑧	⑨

6

	解答欄										
	−	0	1	2	3	4	5	6	7	8	9
ア	⊖	⓪	①	②	③	④	⑤	⑥	⑦	⑧	⑨
イ	⊖	⓪	①	②	③	④	⑤	⑥	⑦	⑧	⑨
ウ	⊖	⓪	①	②	③	④	⑤	⑥	⑦	⑧	⑨
エ	⊖	⓪	①	②	③	④	⑤	⑥	⑦	⑧	⑨
オ	⊖	⓪	①	②	③	④	⑤	⑥	⑦	⑧	⑨
カ	⊖	⓪	①	②	③	④	⑤	⑥	⑦	⑧	⑨
キ	⊖	⓪	①	②	③	④	⑤	⑥	⑦	⑧	⑨
ク	⊖	⓪	①	②	③	④	⑤	⑥	⑦	⑧	⑨
ケ	⊖	⓪	①	②	③	④	⑤	⑥	⑦	⑧	⑨
コ	⊖	⓪	①	②	③	④	⑤	⑥	⑦	⑧	⑨
サ	⊖	⓪	①	②	③	④	⑤	⑥	⑦	⑧	⑨
シ	⊖	⓪	①	②	③	④	⑤	⑥	⑦	⑧	⑨
ス	⊖	⓪	①	②	③	④	⑤	⑥	⑦	⑧	⑨
セ	⊖	⓪	①	②	③	④	⑤	⑥	⑦	⑧	⑨
ソ	⊖	⓪	①	②	③	④	⑤	⑥	⑦	⑧	⑨
タ	⊖	⓪	①	②	③	④	⑤	⑥	⑦	⑧	⑨
チ	⊖	⓪	①	②	③	④	⑤	⑥	⑦	⑧	⑨
ツ	⊖	⓪	①	②	③	④	⑤	⑥	⑦	⑧	⑨
テ	⊖	⓪	①	②	③	④	⑤	⑥	⑦	⑧	⑨
ト	⊖	⓪	①	②	③	④	⑤	⑥	⑦	⑧	⑨
ナ	⊖	⓪	①	②	③	④	⑤	⑥	⑦	⑧	⑨
ニ	⊖	⓪	①	②	③	④	⑤	⑥	⑦	⑧	⑨
ヌ	⊖	⓪	①	②	③	④	⑤	⑥	⑦	⑧	⑨
ネ	⊖	⓪	①	②	③	④	⑤	⑥	⑦	⑧	⑨
ノ	⊖	⓪	①	②	③	④	⑤	⑥	⑦	⑧	⑨
ハ	⊖	⓪	①	②	③	④	⑤	⑥	⑦	⑧	⑨
ヒ	⊖	⓪	①	②	③	④	⑤	⑥	⑦	⑧	⑨
フ	⊖	⓪	①	②	③	④	⑤	⑥	⑦	⑧	⑨
ヘ	⊖	⓪	①	②	③	④	⑤	⑥	⑦	⑧	⑨
ホ	⊖	⓪	①	②	③	④	⑤	⑥	⑦	⑧	⑨

7

	解答欄										
	−	0	1	2	3	4	5	6	7	8	9
ア	⊖	⓪	①	②	③	④	⑤	⑥	⑦	⑧	⑨
イ	⊖	⓪	①	②	③	④	⑤	⑥	⑦	⑧	⑨
ウ	⊖	⓪	①	②	③	④	⑤	⑥	⑦	⑧	⑨
エ	⊖	⓪	①	②	③	④	⑤	⑥	⑦	⑧	⑨
オ	⊖	⓪	①	②	③	④	⑤	⑥	⑦	⑧	⑨
カ	⊖	⓪	①	②	③	④	⑤	⑥	⑦	⑧	⑨
キ	⊖	⓪	①	②	③	④	⑤	⑥	⑦	⑧	⑨
ク	⊖	⓪	①	②	③	④	⑤	⑥	⑦	⑧	⑨
ケ	⊖	⓪	①	②	③	④	⑤	⑥	⑦	⑧	⑨
コ	⊖	⓪	①	②	③	④	⑤	⑥	⑦	⑧	⑨
サ	⊖	⓪	①	②	③	④	⑤	⑥	⑦	⑧	⑨
シ	⊖	⓪	①	②	③	④	⑤	⑥	⑦	⑧	⑨
ス	⊖	⓪	①	②	③	④	⑤	⑥	⑦	⑧	⑨
セ	⊖	⓪	①	②	③	④	⑤	⑥	⑦	⑧	⑨
ソ	⊖	⓪	①	②	③	④	⑤	⑥	⑦	⑧	⑨
タ	⊖	⓪	①	②	③	④	⑤	⑥	⑦	⑧	⑨
チ	⊖	⓪	①	②	③	④	⑤	⑥	⑦	⑧	⑨
ツ	⊖	⓪	①	②	③	④	⑤	⑥	⑦	⑧	⑨
テ	⊖	⓪	①	②	③	④	⑤	⑥	⑦	⑧	⑨
ト	⊖	⓪	①	②	③	④	⑤	⑥	⑦	⑧	⑨
ナ	⊖	⓪	①	②	③	④	⑤	⑥	⑦	⑧	⑨
ニ	⊖	⓪	①	②	③	④	⑤	⑥	⑦	⑧	⑨
ヌ	⊖	⓪	①	②	③	④	⑤	⑥	⑦	⑧	⑨
ネ	⊖	⓪	①	②	③	④	⑤	⑥	⑦	⑧	⑨
ノ	⊖	⓪	①	②	③	④	⑤	⑥	⑦	⑧	⑨
ハ	⊖	⓪	①	②	③	④	⑤	⑥	⑦	⑧	⑨
ヒ	⊖	⓪	①	②	③	④	⑤	⑥	⑦	⑧	⑨
フ	⊖	⓪	①	②	③	④	⑤	⑥	⑦	⑧	⑨
ヘ	⊖	⓪	①	②	③	④	⑤	⑥	⑦	⑧	⑨
ホ	⊖	⓪	①	②	③	④	⑤	⑥	⑦	⑧	⑨

東進

共通テスト実戦問題集
数学Ⅱ・B・C

解答解説編

Answer / Explanation

MATHEMATICS

東進ハイスクール・東進衛星予備校 講師

志田 晶

SHIDA Akira

はじめに

本書は, 2021 年から実施されている「大学入学共通テスト（以下, 共通テスト）」数学Ⅱ・B・Cの対策問題集である。共通テストの出題形式に基づき作成したオリジナル問題 5 回分の問題とその解答解説を収録している。また,「はじめに」と各回の解答解説冒頭（扉（とびら））に, 共通テストの全体概要や各大問の出題傾向に関するワンポイント解説動画の QR コードを掲載した。

◆共通テスト「数学Ⅱ・B・C」の出題傾向

共通テストは, **高校数学の教科書程度の内容を客観形式で問う試験**と位置付けられている。高校数学の一般的な形式で出題されていたセンター試験のような問題も出題されるが, 会話文からヒントを得るような, 共通テストの特徴である数学的な思考力や判断力が必要となる問題も出題される。

◆共通テスト「数学Ⅱ・B・C」の対策

共通テストの数学は客観形式であり, 日常生活に関する問題が出題される点などは国公立大の 2 次試験と異なるが, 数学の試験であることに変わりはない。

よって, まずは教科書や教科書傍用問題集などでしっかりとした基礎力を身に付けること。これが共通テスト対策の第一歩になるだろう。

次に, 会話文から読み解く問題などの共通テスト特有の問題に対応するための演習をし, その出題形式に慣れることが重要だ。

◆本書の活用方法

オリジナル問題の制作にあたっては, 2022 年に公表された試作問題に加え, 共通テストの問題を徹底的に分析。本番と同様の出題形式, 傾向, 難易度の問題を収録した。

本書を使って勉強する際には, まず 70 分の時間を計って問題を解いてみよう。問題を解き終えたあとは採点を行い, 解答解説を読もう。間違えた問題, わからなかった問題については, 教科書や参考書の関連する分野・単元を見直すことが重要だ（問題を解けない原因は, ほとんどの場合, 教科書に掲載されている基本事項に抜けがあることだ)。

解けなかった問題は，１週間程度の時間を空けてから，解き直しをするとよい。解き直しをする際には，各大問を解くのに何分程度かかったかをメモしておこう。そうすることで，時間をかけすぎている分野，つまり，自分自身の苦手な分野がわかる。自分に合った時間配分を決めるとともに，苦手分野を重点的に勉強し，克服しよう。

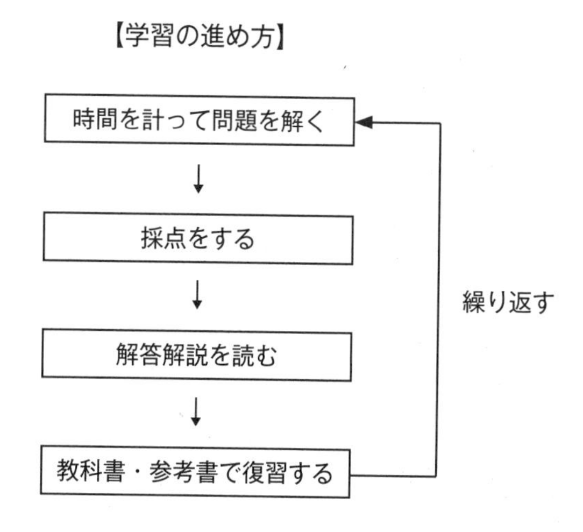

受験生の皆さんにとって，本書が共通テストへ向けた最善の対策の第一歩になることを切に願っている。ぜひ本書を有効活用してほしい。

2024 年 6 月　志田晶

※「はじめに」の動画の内容は，数学Ⅰ・Aと共通です。

本書の特長

❶ 実戦力が身に付く問題集

本書では，共通テストと同じ形式・レベルのオリジナル問題５回分の実戦問題を用意した。

共通テストで高得点を得るためには，大学教育を受けるための基礎知識はもとより，思考力や判断力など総合的な力が必要となる。そのような力を養うためには，何度も問題演習を繰り返し，出題形式に慣れ，出題の意図をつかんでいかなければならない。本書に掲載されている問題は，その訓練に最適なものばかりである。本書を利用し，何度も問題演習に取り組むことで，実戦力を身に付けていこう。

❷ 東進実力講師によるワンポイント解説動画

「はじめに」と各回の解答解説冒頭（扉）に，ワンポイント解説動画のＱＲコードを掲載。スマートフォンなどで読み取れば，解説動画が視聴できる仕組みになっている。解説動画を見て，共通テストの全体概要や各大問の出題傾向をつかもう。

【解説動画の内容】

解説動画	ページ	解説内容
はじめに	3	本書の使い方
第１回	15	共通テスト「数学Ⅱ・B・C」の全体概要
第２回	39	共通テスト「数学Ⅱ・B・C」第１問の出題傾向と対策
第３回	61	共通テスト「数学Ⅱ・B・C」第３問の出題傾向と対策
第４回	79	共通テスト「数学Ⅱ・B・C」第７問の出題傾向と対策
第５回	99	共通テスト「数学Ⅱ・B・C」第４問の出題傾向と対策

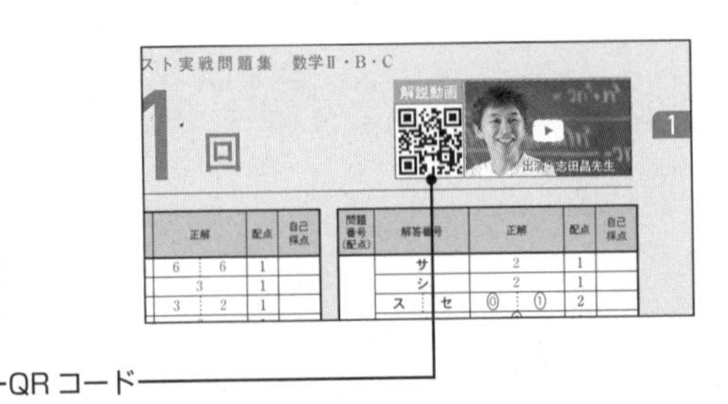

QRコード

❸ 詳しくわかりやすい解説

本書では，入試問題を解くための知識や技能が習得できるよう，様々な工夫を凝らしている。問題を解き，採点を行ったあとは，しっかりと解説を読み，復習を行おう。

【解説の構成】

❶配点表

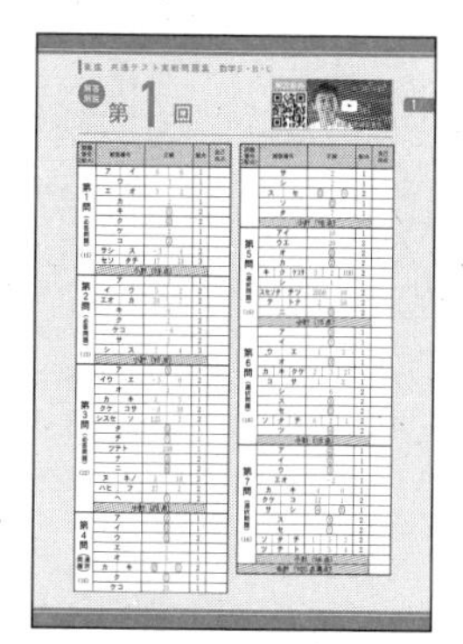

正解と配点の一覧表。各回の扉に掲載。マークシートの答案を見ながら，自己採点欄に採点結果を記入しよう。

問題番号(配点)	解答番号	正解	配点	自己採点
第1問(必答問題)(15)	ア：イ	6：6	1	
	ウ	3	1	
	エ：オ	3：2	1	
	カ	2	1	
	キ	①	2	
	ク	②	2	
	ケ	2	1	
	コ	②	1	
	サシ：ス	−3：4	2	
	セソ：タチ	17：21	3	
	小計（15点）			
第2問	ア	2	1	
	イ：ウ	5：2	2	
	エオ：カ	50：7	2	
	キ	0	1	

問題番号(配点)	解答番号
	サ
	シ
	ス：
	ソ
	タ
第5問(選択問題)(16)	アイ
	ウエ
	オ
	カ
	キ：ク：
	シ
	スセソタ：チ
	テ：ト
	ニ

❷解説

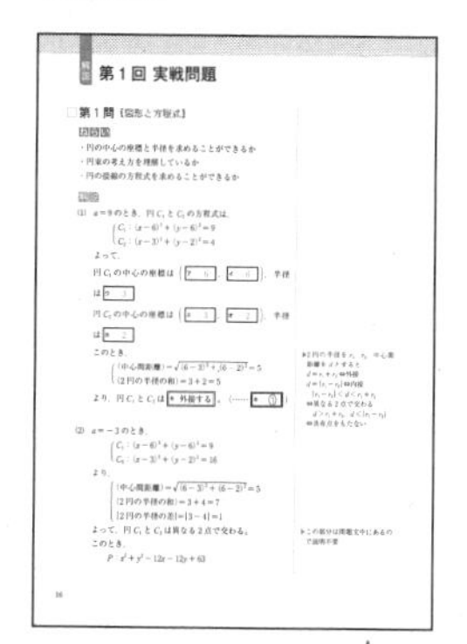

設問の解説に入る前に，「出題分野」と「出題のねらい」を説明する。ここを確認し，出題者の視点をつかもう。設問ごとの解説では，知識や解き方をわかりやすく説明する。

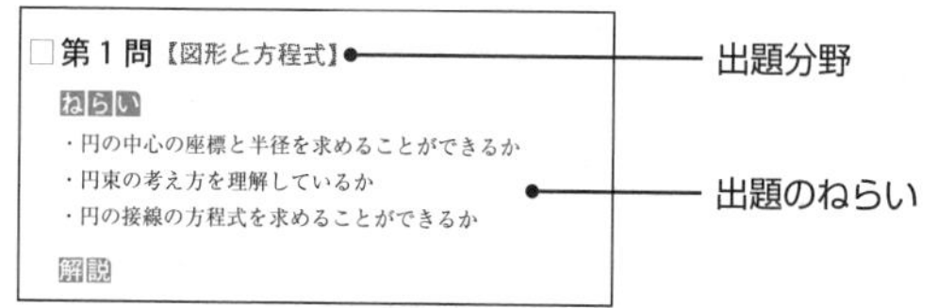
□第１問【図形と方程式】
ねらい
・円の中心の座標と半径を求めることができるか
・円束の考え方を理解しているか
・円の接線の方程式を求めることができるか
解説

本書の使い方

別冊　問題編

本書は，別冊に問題，本冊に解答解説が掲載されている。まずは，別冊の問題を解くところから始めよう。

❶ 注意事項を読む

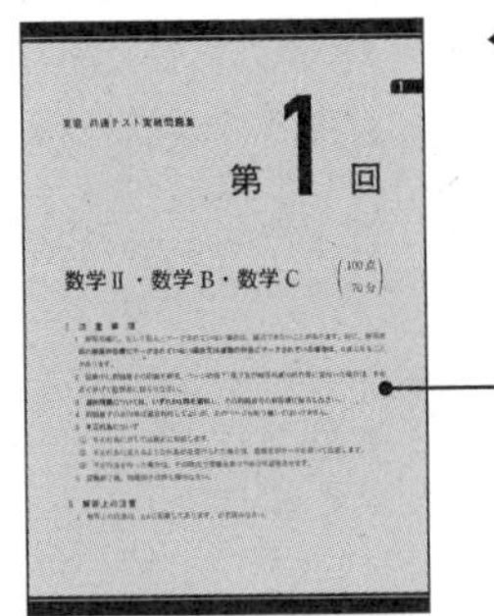

注意事項

◀問題編 扉

問題編各回の扉に，問題を解くにあたっての注意事項を掲載（解答上の注意は別冊 p.4 に記載）。本番同様，問題を解く前にしっかりと読もう。

❷ 問題を解く

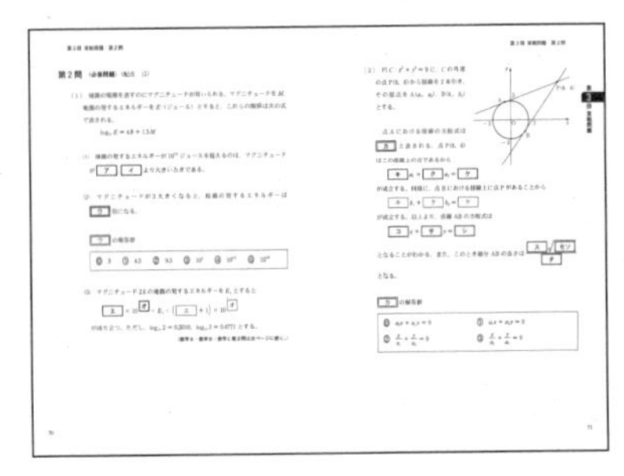

◀問題（全５回収録）

実際の共通テストの問題を解く状況に近い条件で問題を解こう。タイマーを 70 分に設定し，時間厳守で解答すること。

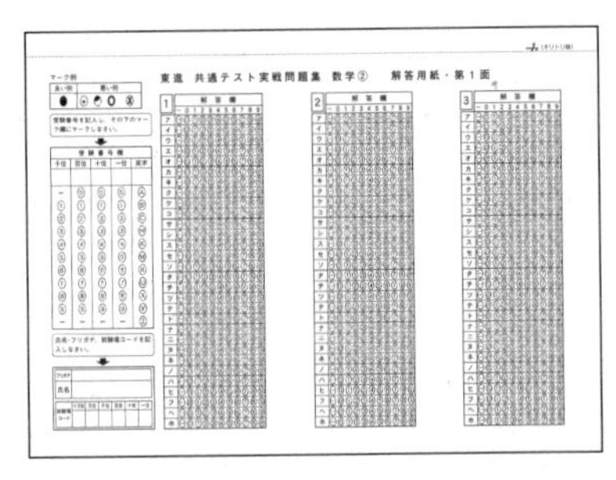

◀マークシート

解答は本番と同じように，付属のマークシートに記入するようにしよう。複数回実施するときは，コピーをして使おう。

本冊　解答解説編

❶ 採点をする／ワンポイント解説動画を視聴する

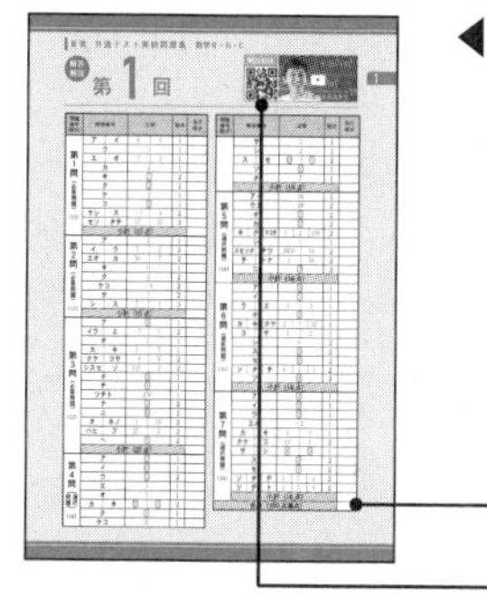

◀解答解説編 扉

各回の扉には，正解と配点の一覧表が掲載されている。問題を解き終わったら，正解と配点を見て採点しよう。また，右上部のＱＲコードをスマートフォンなどで読み取ると，著者によるワンポイント解説動画を見ることができる。

配点表

QR コード（扉の他に，「はじめに」にも掲載）

❷ 解説を読む

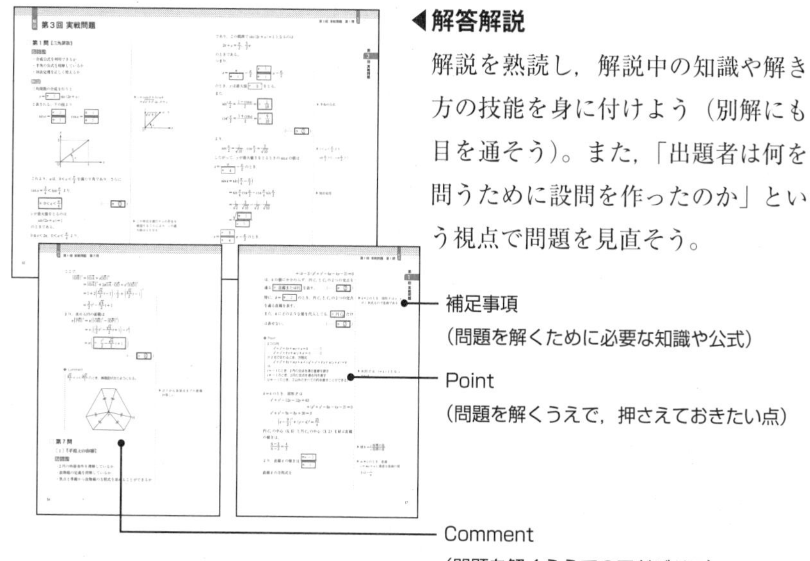

◀解答解説

解説を熟読し，解説中の知識や解き方の技能を身に付けよう（別解にも目を通そう）。また，「出題者は何を問うために設問を作ったのか」という視点で問題を見直そう。

❸ 復習する

再びタイマーを 70 分に設定して，マークシートを使いながら解き直そう。

目次

特集①～共通テストについて～

1 大学入試の種類

大学入試は「**一般選抜**」と「**特別選抜**」に大別される。一般選抜は高卒（見込）・高等学校卒業程度認定試験合格者（旧大学入学資格検定合格者）ならば受験できるが，特別選抜は大学の定めた条件を満たさなければ受験できない。

❶一般選抜

一般選抜は１月に実施される「**共通テスト**」と，主に２月から３月にかけて実施される大学独自の「**個別学力検査**」（以下，**個別試験**）のことを指す。国語，地理歴史（以下，地歴），公民，数学，理科，外国語といった学力試験による選抜が中心となる。

国公立大では，１次試験で共通テスト，２次試験で個別試験を課し，これらを総合して合否が判定される。

一方，私立大では，大きく分けて①**個別試験のみ**，②**共通テストのみ**，③**個別試験と共通テスト**，の３通りの型があり，②③を「**共通テスト利用方式**」と呼ぶ。

❷特別選抜

特別選抜は「**学校推薦型選抜**」と「**総合型選抜**」に分かれる。

学校推薦型選抜とは，出身校の校長の推薦により，主に調査書で合否を判定する入試制度である。大学が指定した学校から出願できる「**指定校制推薦**」と，出願条件を満たせば誰でも出願できる「**公募制推薦**」の大きく２つに分けられる。

総合型選抜は旧「ＡＯ入試」のことで，大学が求める人物像（アドミッション・ポリシー）と受験生を照らし合わせて合否を判定する入試制度である。

かつては原則として学力試験が免除されていたが，近年は学力要素の適正な把握が求められ，国公立大では共通テストを課すことが増えてきている。

② 共通テストの基礎知識

❶共通テストとは

共通テストとは，「独立行政法人 大学入試センター」が運営する**全国一斉の学力試験（マークシート方式）**である。

2013年に教育改革の提言がなされ，大学入試改革を含む教育改革が本格化した。そこでは，これからの時代に必要な力として，①知識・技能の確実な習得，②（①を基にした）思考力・判断力・表現力，③主体性を持って多様な人々と協働して学ぶ態度，の「**学力の三要素**」が挙げられている。共通テストでは，これらの要素を評価するための問題が出題される。

さらに，「学習指導要領」が改訂されたことに伴い，2025年度入試からは，新学習指導要領（新課程）による入試が始まる。共通テストに関する大きな変更点としては，「入試教科・科目」の変更と「試験時間」の変更が挙げられる。

❷新課程における変更点

【教科】

・「情報」の追加

【科目】

・「歴史総合」「地理総合」「公共」の新設
　※必履修科目を含む6選択科目に再編
・数学②は「数学Ⅱ，数学B，数学C」1科目に
　※「簿記・会計」「情報関係基礎」の廃止

【試験時間】

・国　語：80分→90分
・数学②：60分→70分
・情　報：60分
・理科は1グループに試験時間がまとめられる

❸出題教科・科目の出題方法（2025 年度入試）

教科	出題科目	出題方法 （出題範囲，出題科目選択の方法等）	試験時間 （配点）
国語	『国語』	・「現代の国語」及び「言語文化」を出題範囲とし，近代以降の文章及び古典（古文，漢文）を出題する。	90分（200点） **（注１）**
地理歴史 公民	『地理総合，地理探究』 『歴史総合，日本史探究』 『歴史総合，世界史探究』 『公共，倫理』 『公共，政治・経済』 →(b) 『地理総合／歴史総合／公共』 →(a) (a)：必履修科目を組み合わせた出題科目 (b)：必履修科目と選択科目を組み合わせた出題科目	・左記出題科目の６科目のうちから最大２科目を選択し，解答する。 ・(a)の『地理総合／歴史総合／公共』は，「地理総合」，「歴史総合」及び「公共」の３つを出題範囲とし，そのうち２つを選択解答する（配点は各50点）。 ・2科目を選択する場合，以下の組合せを選択することはできない。 <u>(b)のうちから2科目を選択する場合</u> 『公共，倫理』と『公共，政治・経済』の組合せを選択することはできない。 <u>(b)のうちから1科目及び(a)を選択する場合</u> (b)については，(a)で選択解答するものと同一名称を含む科目を選択することはできない。**（注2）** ・受験する科目数は出願時に申し出ること。	1科目選択 60分（100点） 2科目選択 130分 **（注３）** （うち解答時間120分）（200点）
数学①	『数学Ⅰ，数学A』 『数学Ⅰ』	・左記出題科目の２科目のうちから１科目を選択し，解答する。 ・「数学A」については，図形の性質，場合の数と確率の２項目に対応した出題とし，全てを解答する。	70分（100点）
数学②	『数学Ⅱ，数学B，数学C』	・「数学B」及び「数学C」については，数列（数学B），統計的な推測（数学B），ベクトル（数学C）及び平面上の曲線と複素数平面（数学C）の４項目に対応した出題とし，４項目のうち３項目の内容の問題を選択解答する。	70分（100点）
理科	『物理基礎／化学基礎／生物基礎／地学基礎』 『物理』 『化学』 『生物』 『地学』	・左記出題科目の５科目のうちから最大２科目を選択し，解答する。 ・『物理基礎／化学基礎／生物基礎／地学基礎』は，「物理基礎」，「化学基礎」，「生物基礎」及び「地学基礎」の４つを出題範囲とし，そのうち２つを選択解答する（配点は各50点）。 ・受験する科目数は出願時に申し出ること。	1科目選択 60分（100点） 2科目選択 130分 **（注３）** （うち解答時間120分）（200点）
外国語	『英語』 『ドイツ語』 『フランス語』 『中国語』 『韓国語』	・左記出題科目の５科目のうちから１科目を選択し，解答する。 ・『英語』は，「英語コミュニケーションⅠ」，「英語コミュニケーションⅡ」及び「論理・表現Ⅰ」を出題範囲とし，【リーディング】及び【リスニング】を出題する。受験者は，原則としてその両方を受験する。その他の科目については，『英語』に準じる出題範囲とし，【筆記】を出題する。 ・科目選択に当たり，『ドイツ語』，『フランス語』，『中国語』及び『韓国語』の問題冊子の配付を希望する場合は，出願時に申し出ること。	『英語』 （【リーディング】 80分（100点） 【リスニング】 60分 **（注４）** （うち解答時間30 分）（100点）） 『ドイツ語』『フランス語』『中国語』『韓国語』 【筆記】 80分（200点）
情報	『情報Ⅰ』		60分（100点）

（備考）『　』は大学入学共通テストにおける出題科目を表し，「　」は高等学校学習指導要領上設定されている科目を表す。
また，『地理総合／歴史総合／公共』や『物理基礎／化学基礎／生物基礎／地学基礎』にある"／"は，一つの出題科目の中で複数の出題範囲を選択解答することを表す。

（注１）『国語』の分野別の大問数及び配点は，近代以降の文章が３問110点，古典が２問90点（古文・漢文各45点）とする。

（注２） 地理歴史及び公民で2科目を選択する受験者が，(b)のうちから１科目及び(a)を選択する場合において，選択可能な組合せは以下のとおり。
・(b)のうちから『地理総合，地理探究』を選択する場合，(a)では「歴史総合」及び「公共」の組合せ
・(b)のうちから『歴史総合，日本史探究』又は『歴史総合，世界史探究』を選択する場合，(a)では「地理総合」及び「公共」の組合せ
・(b)のうちから『公共，倫理』又は『公共，政治・経済』を選択する場合，(a)では「地理総合」及び「歴史総合」の組合せ

（注３） 地理歴史及び公民並びに理科の試験時間において2科目を選択する場合は，解答順に第1解答科目及び第2解答科目に区分し各60分間で解答を行うが，第1解答科目及び第2解答科目の間に答案回収等を行うために必要な時間を加えた時間を試験時間とする。

（注４）【リスニング】は，音声問題を用い30分間で解答を行うが，解答開始前に受験者に配付したICプレーヤーの作動確認・音量調節を受験者本人が行うために必要な時間を加えた時間を試験時間とする。
なお，『英語』以外の外国語を受験した場合，【リスニング】を受験することはできない。

特集②～共通テスト「数学Ⅱ・B・C」の傾向と対策～

ここでは，大学入試センターが2022年に公表した試作問題に基づき，共通テスト「数学Ⅱ・B・C」の出題内容・形式について解説する。

1 配点と大問構成

「数学Ⅱ・B・C」の配点は，これまでの共通テストと変わらず，100点満点。ただし，大問構成が大きく変化し，試作問題では，第1問～第3問が「数学Ⅱ」の範囲の必答問題（第1問と第2問は各15点，第3問は22点），第4問・第5問が「数学B」の範囲の選択問題（各16点），第6問・第7問が「数学C」の範囲の選択問題（各16点）となった。選択問題は，4問のうちから3問を選択して解く形式である。具体的には下表の通りである。

【試作問題の構成】

問題番号	分野	配点
第1問（必答問題）	三角関数	15
第2問（必答問題）	指数関数と対数関数	15
第3問（必答問題）	微分と積分	22
第4問（選択問題）	数列	16
第5問（選択問題）	統計的な推測	16
第6問（選択問題）	ベクトル	16
第7問（選択問題）	平面上の曲線と複素数平面	16

【2024年度 共通テスト】

問題番号	分野	配点
第1問（必答問題）	〔1〕指数関数と対数関数	15
	〔2〕方程式・式と証明	15
第2問（必答問題）	微分と積分	30
第3問（選択問題）	確率分布と統計的な推測	20
第4問（選択問題）	数列	20
第5問（選択問題）	ベクトル	20

【2023年度 共通テスト】

問題番号	分野	配点
第1問（必答問題）	〔1〕三角関数	18
	〔2〕指数関数と対数関数	12
第2問（必答問題）	〔1〕微分と積分	15
	〔2〕微分と積分	15
第3問（選択問題）	確率分布と統計的な推測	20
第4問（選択問題）	数列	20
第5問（選択問題）	ベクトル	20

❷ 問題の分量

試作問題では第５問，第７問の文章量が多く，全体としての分量は多かった。試験時間は 10 分増えて 70 分になるが，これまでと変わらず時間配分は高得点を取るうえでのカギといえそうだ。

❸ 出題形式や内容

以下，今後の共通テストの出題形式や内容として，注意が必要なものを説明する。

❶有名事実に関する証明問題，公式の証明に準ずる問題

2021 年度 共通テストでは，正三角形についての有名事実（数学Ⅰ・Ａの「図形の性質」で習う定理）に関する問題や三角関数の合成の仕組みが問われる問題，関数の性質を予想し証明する問題が出題された。

このような問題を解くうえでは，背景知識の会得や，公式や定理の証明部分を理解しておくことが有利になる。

❷複数の解答を吟味する問題

2022 年度 共通テスト第１問〔１〕では，円の接線の方程式を，方程式の利用と幾何的な考察の２つの方法で求める問題が出題された。これは数学的な見方・考え方がより一層重視される問題であった。

複数の解法を議論する問題の対策として，日頃から問題を解いたあとに，別解も考えてみることが重要である。

❸式が意味する現象を考察・選択させる問題

2021 年度 共通テストでは，漸化式の意味を考察する問題や，計算結果を踏まえて図形を考察する問題が出題された。さらに，2022 年度 共通テストでは，太郎さんの考察に基づき，式の意味を考えるという問題が出題された。

このような式の意味を考える問題では，「自分が計算していることは，どのような数学的意味をもっているのか」ということを日頃から意識することが大切である。

❹ 学習アドバイス

共通テストの数学Ⅱ・B・Cでは，センター試験のような計算力が試される問題も出題されるため，総合的な数学力を身に付けると得点が取りやすくなると予想される。また，出題の可能性が低い「複素数と２次方程式」「図形と方程式」などの分野も勉強することで，広い知識を獲得でき，総合力の発展につながるだろう。

大切なことは，共通テストもあくまで数学の試験の１つであり，共通テストの点数と数学力の間には確実に正の相関関係があるということだ。まずは，安定した数学力を養うこと。そして，時間があるならば共通テスト対策に特化するのではなく，記述式問題，証明問題にも取り組むようにしよう。また，「なぜそうなるのか」という理屈や根拠を常に追求し，考えることのできる姿勢を身に付けよう。

第1回

問題番号（配点）	解答番号	正解	配点	自己採点
第1問（必答問題）(15)	ア　イ	6　6	1	
	ウ	3	1	
	エ　オ	3　2	1	
	カ	2	1	
	キ	①	2	
	ク	②	2	
	ケ	2	1	
	コ	②	1	
	サシ　ス	−3　4	2	
	セソ　タチ	17　21	3	
	小計（15点）			
第2問（必答問題）(15)	ア	2	1	
	イ　ウ	5　2	2	
	エオ　カ	50　7	2	
	キ	0	1	
	ク	2	2	
	ケコ	−6	2	
	サ	3	2	
	シ　ス	7　4	3	
	小計（15点）			
第3問（必答問題）(22)	ア	⑤	1	
	イウ　エ	−5　0	2	
	オ	2	1	
	カ　キ	2　5	1	
	クケ　コサ	−8　30	2	
	シスセ　ソ	125　2	2	
	タ	⓪	1	
	チ	①	1	
	ツテト	250	1	
	ナ	②	2	
	ニ	⑥	2	
	ヌ　ネノ	3　18	2	
	ハヒ　フ	27　2	2	
	ヘ	①	2	
	小計（22点）			
第4問（選択問題）(16)	ア	②	1	
	イ	⓪	1	
	ウ	②	2	
	エ	3	1	
	オ	5	1	
	カ　キ	②　①	2	
	ク	①	1	
	ケコ	21	1	
	サ	2	1	
	シ	2	1	
	ス　セ	⓪　①	2	
	ソ	⓪	1	
	タ	7	1	
	小計（16点）			
第5問（選択問題）(16)	アイ	10	1	
	ウエ	20	2	
	オ	②	2	
	カ	②	2	
	キ　ク　ケコサ	3　2　100	2	
	シ	1	1	
	スセソタ　チツ	2050　10	2	
	テ　トナ	2　56	2	
	ニ	③	2	
	小計（16点）			
第6問（選択問題）(16)	ア	③	1	
	イ	①	1	
	ウ　エ	1　3	1	
	オ	③	1	
	カ　キ　クケ	2　3　27	1	
	コ　サ	1　2	1	
	シ	6	2	
	ス	③	2	
	セ	⓪	2	
	ソ　タ　チ	6　2　1	2	
	ツ	④	2	
	小計（16点）			
第7問（選択問題）(16)	ア	②	1	
	イ	②	1	
	ウ	③	1	
	エオ	−2	1	
	カ　キ	4　0	1	
	クケ　コ	12　1	2	
	サ　シ	④　⑤	1	
	ス	③	2	
	セ	①	2	
	ソ　タ　チ	1　5　2	2	
	ツ　テ　ト	1　5　4	2	
	小計（16点）			
	合計（100点満点）			

解説

第1回 実戦問題

□第1問【図形と方程式】

ねらい

・円の中心の座標と半径を求めることができるか

・円束の考え方を理解しているか

・円の接線の方程式を求めることができるか

解説

(1) $a=9$ のとき，円 C_1 と C_2 の方程式は,

$$\begin{cases} C_1 : (x-6)^2+(y-6)^2=9 \\ C_2 : (x-3)^2+(y-2)^2=4 \end{cases}$$

よって,

円 C_1 の中心の座標は $\left(\boxed{ア\ 6}, \boxed{イ\ 6}\right)$，半径は $\boxed{ウ\ 3}$

円 C_2 の中心の座標は $\left(\boxed{エ\ 3}, \boxed{オ\ 2}\right)$，半径は $\boxed{カ\ 2}$

このとき,

$$\begin{cases} (\text{中心間距離})=\sqrt{(6-3)^2+(6-2)^2}=5 \\ (2\text{円の半径の和})=3+2=5 \end{cases}$$

より，円 C_1 と C_2 は $\boxed{キ\ 外接する}$。(…… $\boxed{キ\ ①}$)

▶2円の半径を r_1, r_2, 中心間距離を d とすると
$d=r_1+r_2$ ⇔外接
$d=|r_1-r_2|$ ⇔内接
$|r_1-r_2|<d<r_1+r_2$
⇔異なる2点で交わる
$d>r_1+r_2$, $d<|r_1-r_2|$
⇔共有点をもたない

(2) $a=-3$ のとき,

$$\begin{cases} C_1 : (x-6)^2+(y-6)^2=9 \\ C_2 : (x-3)^2+(y-2)^2=16 \end{cases}$$

より,

$$\begin{cases} (\text{中心間距離})=\sqrt{(6-3)^2+(6-2)^2}=5 \\ (2\text{円の半径の和})=3+4=7 \\ |2\text{円の半径の差}|=|3-4|=1 \end{cases}$$

よって，円 C_1 と C_2 は異なる2点で交わる。

▶この部分は問題文中にあるので説明不要

このとき,

$P : x^2+y^2-12x-12y+63$

$$+(k-3)(x^2+y^2-6x-4y-3)=0$$

は，k の値にかかわらず，円 C_1 と C_2 の２つの交点を通る [ク 直線または円] を表す。　　　（…… [ク ②]）

特に，$k=$ [ケ 2] のとき，円 C_1 と C_2 の２つの交点を通る直線を表す。

▶ $k=2$ のとき，図形 P は x，y の１次式なので直線である

また，k にどのような値を代入しても，[コ 円 C_2] だけは表せない。　　　（…… [コ ②]）

◆ Point

２つの円

$$x^2+y^2+\ell x+my+n=0 \quad \cdots\cdots①$$

$$x^2+y^2+\ell' x+m' y+n'=0 \quad \cdots\cdots②$$

が２点で交わるとき，方程式

$$x^2+y^2+\ell x+my+n+t(x^2+y^2+\ell' x+m' y+n')=0$$

は，

$t=-1$ のとき，２円の交点を通る直線を表す

$t\neq-1$ のとき，２円の交点を通る円を表す

（$t\neq-1$ のとき，②以外のすべての円を表すことができる）

▶本問では，$t=k-3$ となっている

$k=4$ のとき，図形 P は

$$x^2+y^2-12x-12y+63$$

$$+(x^2+y^2-6x-4y-3)=0$$

$$x^2+y^2-9x-8y+30=0$$

$$\therefore \quad \left(x-\frac{9}{2}\right)^2+(y-4)^2=\frac{25}{4}$$

円 C_1 の中心 $(6,\ 6)$ と円 C_2 の中心 $(3,\ 2)$ を結ぶ直線の傾きは，

$$\frac{6-2}{6-3}=\frac{4}{3}$$

▶傾き $=\dfrac{y\text{座標の差}}{x\text{座標の差}}$

より，直線 ℓ の傾きは $\dfrac{[\text{サシ}\ -3]}{[\text{ス}\ 4]}$

▶ $m\neq0$ のとき，直線 $y=mx+n$ に垂直な直線の傾きは $-\dfrac{1}{m}$

直線 ℓ の方程式を

$$y = \frac{\boxed{\text{サシ}\ -3}}{\boxed{\text{ス}\ 4}}x + n \quad (3x + 4y - 4n = 0)$$

とおく。

$k=4$ のときの円 P と接するための条件は，

$$\frac{5}{2} = \frac{\left|3\cdot\frac{9}{2} + 4\cdot4 - 4n\right|}{\sqrt{3^2+4^2}}$$

$$\left|4n - \frac{59}{2}\right| = \frac{25}{2}$$

$$4n - \frac{59}{2} = \pm\frac{25}{2}$$

$$\therefore \quad n = \frac{\boxed{\text{セソ}\ 17}}{4},\ \frac{\boxed{\text{タチ}\ 21}}{2}$$

▶円の半径を r，円の中心と直線の距離を d とすると，円と直線が接する条件は
$r=d$

▶点 $(p,\ q)$ と直線
$ax+by+c=0$ の距離 d は
$d = \dfrac{|ap+bq+c|}{\sqrt{a^2+b^2}}$

□第2問【指数関数と対数関数】

ねらい

・対数の計算ができるか

・置き換えが入った2次関数を処理できるか

・2次関数の最小値が0となる条件を求めることができるか

解説

(1) $f(x) = 4^x + 4^{-x}$ より，

$$f(0) = 4^0 + 4^{-0} = \boxed{\text{ア}\ 2}$$

$$f\left(\frac{1}{2}\right) = 4^{\frac{1}{2}} + 4^{-\frac{1}{2}} = 2 + \frac{1}{2} = \frac{\boxed{\text{イ}\ 5}}{\boxed{\text{ウ}\ 2}}$$

$$f(\log_4 7) = 4^{\log_4 7} + 4^{-\log_4 7}$$

$$= 4^{\log_4 7} + 4^{\log_4 \frac{1}{7}}$$

$$= 7 + \frac{1}{7} = \frac{\boxed{\text{エオ}\ 50}}{\boxed{\text{カ}\ 7}}$$

▶$a^0 = 1$

▶$a^{\frac{n}{m}} = \sqrt[m]{a^n}$，$a^{-1} = \dfrac{1}{a}$

▶$a^{\log_a M} = M$

(2) 相加平均と相乗平均の大小の関係から

$$f(x) = 4^x + 4^{-x} \geqq 2\sqrt{4^x\cdot4^{-x}} = 2$$

▶a，b が0以上の実数のとき
$\dfrac{a+b}{2} \geqq \sqrt{ab}$
(等号は $a=b$ のとき)

であり，等号は

$$4^x=4^{-x}$$

$$x=-x$$

$$\therefore\quad x=0$$

のとき成り立つ。

よって，$f(x)$ は $x=$ キ 0 のとき，最小値 ク 2

をとる。

$t=f(x)$ とおくと，$t \geqq 2$ であり，

▶ t は２以上のすべての実数値をとる

$$g(x)=t^2-2at+3$$

$$=(t-a)^2+3-a^2$$

したがって，

$a=3$ のとき，$g(x)$ は最小値 ケコ -6 をとる　▶図１より

$a=1$ のとき，$g(x)$ は最小値 サ 3 をとる　▶図２より

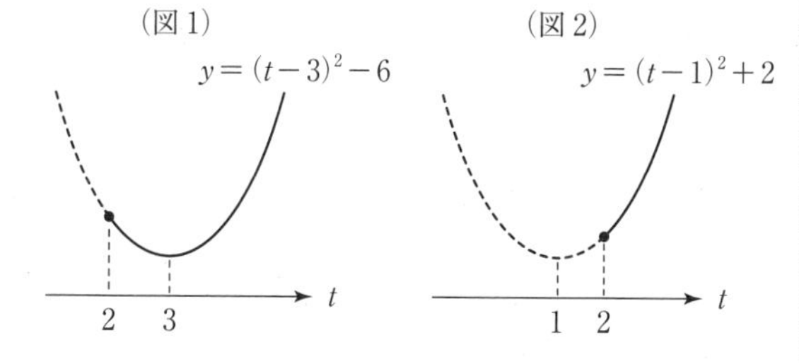

また，$g(x)$ の最小値を m とすると，

(i)　$a \geqq 2$ のとき，$m=3-a^2$　▶頂点で最小

(ii)　$a<2$ のとき，$m=7-4a$　▶ $t=2$ で最小

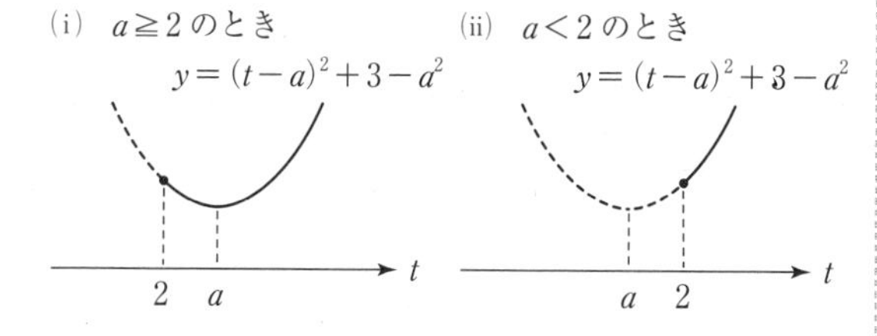

よって，最小値が０となるのは

(i)　$a \geqq 2$ のとき

$$3-a^2=0$$
$$\therefore\quad a=\pm\sqrt{3}$$

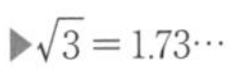

これは $a\geqq 2$ に反するので不適。

(ii) $a<2$ のとき

$$7-4a=0$$
$$\therefore\quad a=\frac{7}{4}$$

これは $a<2$ に適する。

以上(i)，(ii)より，$g(x)$ の最小値が0となるような a の値は $\dfrac{\boxed{シ\ 7}}{\boxed{ス\ 4}}$

◆ Comment

m のグラフをかいて，$\dfrac{\boxed{シ}}{\boxed{ス}}$ を求めてもよい。

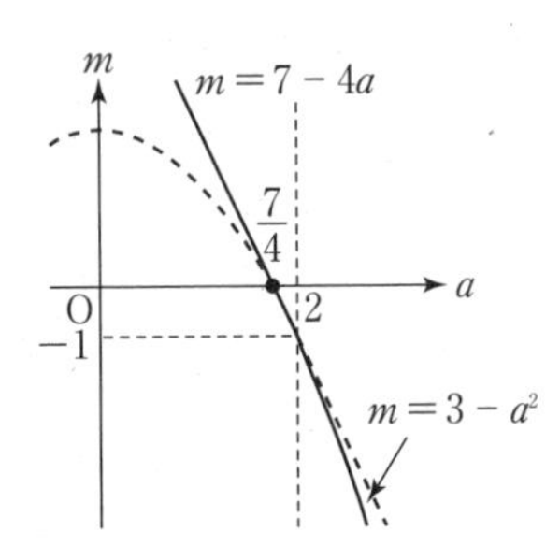

□第3問

〔1〕【微分と積分】

ねらい

- $y=f'(x)$ のグラフから $y=f(x)$ のグラフの概形を求めることができるか
- 対称式を基本対称式で表すことができるか
- 3次関数のとりうる値の範囲を求めることができるか

解説

(1) $y=f'(x)$ のグラフより，$f(x)$ の増減表は次のようにな

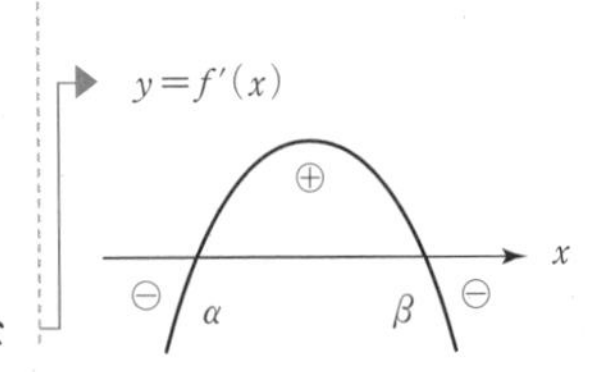

る。

x	$\cdots$	α	$\cdots$	β	$\cdots$
$f'(x)$	$-$	0	$+$	0	$-$
$f(x)$	↘		↗		↘

よって，$y=f(x)$のグラフの概形は ア ⑤ である。

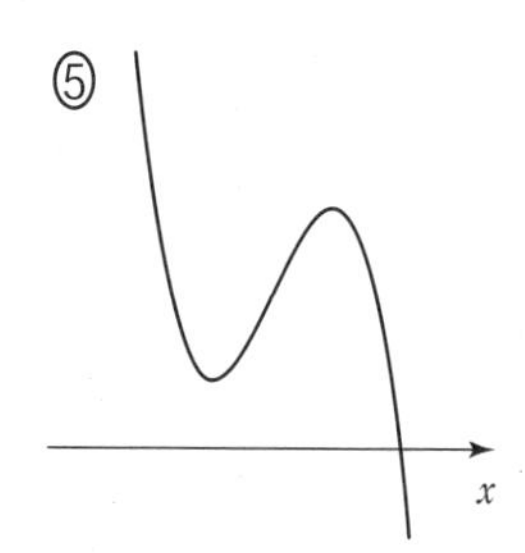

(2) $f'(x)=-3x^2+6ax-(6a^2+15a)$

$=-3(x^2-2ax+2a^2+5a)$

ここで，2次方程式$f'(x)=0$は異なる2つの実数解をもつので

▶α，βが$f'(x)=0$の解である

$a^2-(2a^2+5a)>0$

$a^2+5a<0$

▶判別式：$\frac{D}{4}=b^2-ac>0$

$\therefore$ イウ -5 $<a<$ エ 0

(3) α，βは，2次方程式$f'(x)=0$の解であるから，

$\alpha+\beta=$ オ 2 a，$\alpha\beta=$ カ 2 a^2+ キ 5 a

▶解と係数の関係より，2次方程式$ax^2+bx+c=0$の2つの解をα，βとすると
$\alpha+\beta=-\frac{b}{a}$，$\alpha\beta=\frac{c}{a}$

また，

$f(\alpha)+f(\beta)$

$=\{-\alpha^3+3a\alpha^2-(6a^2+15a)\alpha\}$

$+\{-\beta^3+3a\beta^2-(6a^2+15a)\beta\}$

$=-(\alpha^3+\beta^3)+3a(\alpha^2+\beta^2)-(6a^2+15a)(\alpha+\beta)$

$=-\{(\alpha+\beta)^3-3\alpha\beta(\alpha+\beta)\}$

$+3a\{(\alpha+\beta)^2-2\alpha\beta\}-(6a^2+15a)(\alpha+\beta)$

▶$\alpha^3+\beta^3=(\alpha+\beta)^3-3\alpha\beta(\alpha+\beta)$
$\alpha^2+\beta^2=(\alpha+\beta)^2-2\alpha\beta$

$= -\{8a^3 - 6a(2a^2+5a)\}$
$\qquad +3a\{4a^2 - 2(2a^2+5a)\} - 2a(6a^2+15a)$
$= -(-4a^3 - 30a^2) - 30a^2 - (12a^3 + 30a^2)$
$=$ [クケ -8] $a^3 -$ [コサ 30] a^2

$h(a) = f(\alpha) + f(\beta) = -8a^3 - 30a^2$

とおくと,

$h'(a) = -24a^2 - 60a$
$\quad = -12a(2a+5)$

これより，[イウ -5] $< a <$ [エ 0] における $h(a)$ の増減表は次のようになる。

a	(-5)	$\cdots$	$-\frac{5}{2}$	$\cdots$	(0)
$h'(a)$		$-$	0	$+$	
$h(a)$	(250)	↘	$-\frac{125}{2}$	↗	(0)

したがって，$h(a)$ のとりうる値の範囲は

$-\dfrac{\text{シスセ } 125}{\text{ソ } 2}$ [タ $\leqq$] $h(a)$ [チ $<$] [ツテト 250]

(…… [タ ⓪] [チ ①])

〔2〕**【微分と積分】**

ねらい

・2つの曲線が接する条件を求めることができるか
・2曲線の交点の座標を求めることができるかか
・定積分を利用して面積を求めることができるか

解説

(1)　2曲線 C_1 と C_2 が $x=-2$ で接するための条件は

$$\begin{cases} f(-2) = g(-2) \\ f'(-2) = g'(-2) \end{cases} \quad \cdots\cdots (*)$$

である。ここで,

▶2曲線 $y=f(x)$，$y=g(x)$ が $x=\alpha$ で接する（共通の接線をもつ）ための条件は
$\begin{cases} f(\alpha) = g(\alpha) \\ f'(\alpha) = g'(\alpha) \end{cases}$

$f'(x)=2x+b,\ \ g'(x)=3x^2+2dx-6$

より，（＊）は

$$\begin{cases} 4-2b+c=4d-5 \\ -4+b=-4d+6 \end{cases}$$

これより，

$b=$ ナ $10-4d$ ，$c=$ ニ $11-4d$

（…… ナ ② ニ ⑥ ）

(2) $d=2$ のとき，

▶ $b=10-4d=2$
$c=11-4d=3$

$$\begin{cases} C_1: y=x^2+2x+3 \\ C_2: y=x^3+2x^2-6x-9 \end{cases}$$

2式より，y を消去すると，

$$x^3+x^2-8x-12=0$$
$$(x+2)(x^2-x-6)=0$$
$$\therefore\ \ (x+2)^2(x-3)=0$$

▶曲線 C_1 と C_2 は $x=-2$ で接するので，この3次方程式は $x=-2$ を重解にもつ

よって，曲線 C_1 と C_2 の点A以外の交点は，

B（ ヌ 3 ， ネノ 18 ）

▶A$(-2,3)$

ここで，直線ABの方程式は

$$y=3(x+2)+3$$
$$=3x+9$$

▶異なる2点 (a_1,b_1)，(a_2,b_2) を通る直線の方程式は
$a_1\neq a_2$ のとき
$y=\dfrac{b_2-b_1}{a_2-a_1}(x-a_1)+b_1$

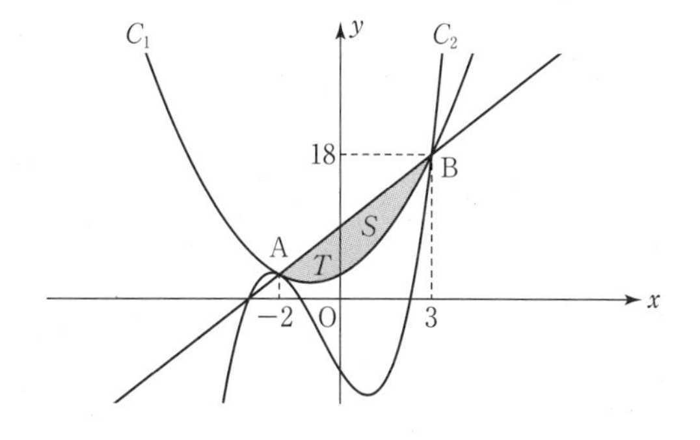

これより，

$$S=\int_0^3 \{(3x+9)-(x^2+2x+3)\}\,dx$$

$$=\int_0^3 (-x^2+x+6)\,dx$$

$$=\left[-\frac{1}{3}x^3+\frac{1}{2}x^2+6x\right]_0^3$$

$$=-9+\frac{9}{2}+18$$

$$=\frac{\boxed{\text{ハヒ}\ 27}}{\boxed{\text{フ}\ 2}}$$

一方，

$$T=\int_{-2}^0 \{(3x+9)-(x^2+2x+3)\}\,dx$$

$$=\int_{-2}^0 (-x^2+x+6)\,dx$$

$$=\left[-\frac{1}{3}x^3+\frac{1}{2}x^2+6x\right]_{-2}^0$$

$$=-\left(\frac{8}{3}+2-12\right)$$

$$=\frac{22}{3}$$

よって

$$\frac{S}{T}=\frac{\frac{27}{2}}{\frac{22}{3}}=\frac{81}{44}$$

であるから，$\frac{S}{T}$ の値は  へ 1以上2未満 である。

（…… へ ① ）

◆ Comment

次図の放物線と直線で囲まれる面積は

$$\left|\frac{a}{6}(\beta-\alpha)^3\right|$$

で与えられる。
これを利用すると

$$S+T=\frac{1}{6}(3+2)^3=\frac{125}{6}$$

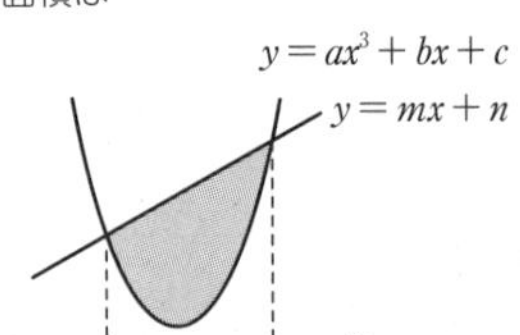

▶検算に利用

□ 第4問【数列】

ねらい

・周期性のある和を求めることができるか
・与えられた文章から漸化式を導くことができるか
・漸化式を利用できるか

解説

(1) $2n$ 番目までのカードに書かれた数の和は

ア $3n$ (……ア ②)

であり，$2n-1$ 番目までのカードに書かれた数の和は

イ $3n-2$ (……イ ⓪)

よって，この並べ方では，3で割って2余る数を表すことはできない。選択肢の中で3で割って2余る数は ウ 2018 である。(……ウ ②)

▶ $(1+2)+(1+2)+\cdots+(1+2)=3\times n$

▶ ア から2を引けばよい

▶ $3n$ は3で割り切れるすべての自然数を表し，$3n-2$ は3で割ると1余るすべての自然数を表す

(2) $a_3=$ エ 3，$a_4=$ オ 5 である。

和が n となるのは

(i) 1枚目に1のカードを並べたとき，残りのカードの並べ方は カ a_{n-1} 通り (……カ ②)

(ii) 1枚目に2のカードを並べたとき，残りのカードの並べ方は キ a_{n-2} 通り (……キ ①)

したがって，

$a_n=$ ク $a_{n-1}+a_{n-2}$ (……ク ①)

これより，カードに書かれた数の和が7となる並べ方の総数は，

$$\begin{aligned}a_7&=a_6+a_5\\&=(a_5+a_4)+a_5\\&=2a_5+a_4\\&=2(a_4+a_3)+a_4\\&=3a_4+2a_3\end{aligned}$$

▶和が3となるのは
1 1 1，1 2，2 1 のとき
和が4となるのは
1 1 1 1，1 1 2，1 2 1，2 1 1，2 2 のとき

▶残りの数の和を $n-1$ にすればよい

▶残りの数の和を $n-2$ にすればよい

$=3\cdot5+2\cdot3$

$=$ [ケコ 21]

▶ $a_4=5$, $a_3=3$

(3) $b_3=$ [サ 2], $b_4=$ [シ 2] である。

▶和が3となるのは 1 2, 2 1 のとき
和が4となるのは 1 2 1, 2 2 のとき
(1のカードは連続しないことに注意する)

1のカードが連続せず，かつ和が n となるのは

(i) 1枚目に1のカードを並べたとき，残りのカードの並べ方は [ス b_{n-3}] 通り　(…… [ス ⓪])

▶2枚目は2のカードなので，1のカードが連続せず，残りの数の和が $n-3$ になればよい

(ii) 1枚目に2のカードを並べたとき，残りのカードの並べ方は [セ b_{n-2}] 通り　(…… [セ ①])

▶1のカードが連続せず，残りの数の和が $n-2$ になればよい

したがって，

$b_n=$ [ソ $b_{n-2}+b_{n-3}$]　(…… [ソ ⓪])

これより，1のカードが連続せず，かつカードに書かれた数の和が8となる並べ方の総数は，

$$\begin{aligned} b_8 &= b_6+b_5 \\ &= (b_4+b_3)+b_5 \\ &= b_5+b_4+b_3 \\ &= (b_3+b_2)+b_4+b_3 \\ &= b_4+2b_3+b_2 \\ &= 2+2\cdot2+1 \\ &= \text{[タ 7]} \end{aligned}$$

▶ $b_4=2$, $b_3=2$, $b_2=1$

□第5問【確率分布と統計的な推測】

ねらい

・二項分布の分散，標準偏差を計算できるか
・正規分布を標準正規分布に直すことができるか
・確率密度関数を求め，確率を計算することができるか

解説

(1) 確率変数 Z の分布は，二項分布 $B(200,\ 0.$[アイ 10]$)$ に従うから，Z の平均(期待値)は $200\times0.1=$ [ウエ 20]

▶確率変数 X が二項分布 $B(n,\ p)$ に従うとき，X の平均，標準偏差はそれぞれ
$E(X)=np$
$\sigma(X)=\sqrt{np(1-p)}$

(2) $R=\dfrac{Z}{200}$ より，R の標準偏差 $\sigma(R)$ は

$$\sigma(R)=\frac{1}{200}\sigma(Z)$$
$$=\frac{1}{200}\sqrt{200\cdot0.1\cdot0.9}=\boxed{\text{オ}\ \frac{3\sqrt{2}}{200}}$$

（…… オ ②）

▶ $Y=aX+b$ のとき，$\sigma(Y)=|a|\sigma(X)$

標本の大きさ 200 は十分に大きいので，R は近似的に正規分布 $N\left(0.\boxed{\text{アイ}\ 10},\ \left(\boxed{\text{オ}\ \frac{3\sqrt{2}}{200}}\right)^2\right)$ に従う。

▶ 母比率 p，標本の大きさ n の標本比率 R は，n が十分に大きいとき，近似的に正規分布 $N\left(p,\ \dfrac{p(1-p)}{n}\right)$ に従う

よって，

$$R_1=\boxed{\text{カ}\ \frac{R-0.10}{\frac{3\sqrt{2}}{200}}}$$

（…… カ ②）

▶ 確率変数 X が正規分布 $N(m,\ \sigma^2)$ に従うとき，$Z=\dfrac{X-m}{\sigma}$ とすると，確率変数 Z は標準正規分布 $N(0,\ 1)$ に従う

とおくと，R_1 は標準正規分布 $N(0,\ 1)$ に従う。

したがって，$x_1=\dfrac{x-0.10}{\frac{3\sqrt{2}}{200}}$ とするとき，

$$P(R\geqq x)=0.0228$$
$$\Leftrightarrow P(R_1\geqq x_1)=0.0228$$
$$\Leftrightarrow P(0\leqq R_1\leqq x_1)=0.5-0.0228$$
$$=0.4772$$

▶

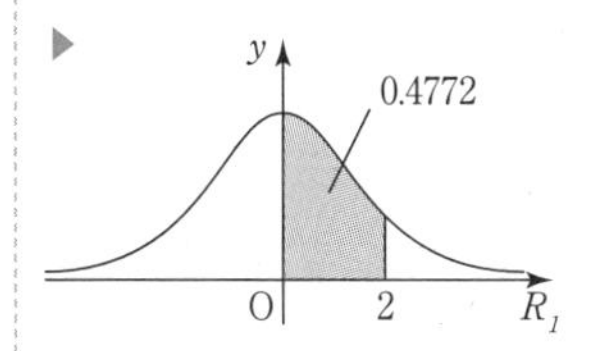

に注意すると，正規分布表から

$$x_1=\frac{x-0.10}{\frac{3\sqrt{2}}{200}}=2$$

これより，

$$x-0.10=\frac{3\sqrt{2}}{100}$$

$$\therefore\quad x=0.\boxed{\text{アイ}\ 10}+\frac{\boxed{\text{キ}\ 3}\sqrt{\boxed{\text{ク}\ 2}}}{\boxed{\text{ケコサ}\ 100}}$$

(3) チョコレート１袋の重さは 200 g から 210 g の間に分布しているから，

$P(200 \leqq X \leqq 210) = $ [シ 1]

である。これより

$$\int_{200}^{210} f(x)\,dx = 1$$

$$\int_{200}^{210} (ax+b)\,dx = 1$$

$$\left[\frac{1}{2}ax^2 + bx\right]_{200}^{210} = 1$$

[スセソタ 2050] $a +$ [チツ 10] $b =$ [シ 1] ……①

▶ $\left[\frac{1}{2}ax^2\right]_{200}^{210}$
$= \frac{1}{2}a(210^2 - 200^2)$
$= \frac{1}{2}a(210+200)(210-200)$
$= \frac{1}{2}a \cdot 410 \cdot 10$
$= 2050a$
とするとよい

一方，X の平均が 204 g なので，

$$\int_{200}^{210} xf(x)\,dx = 204$$

$$\int_{200}^{210} x(ax+b)\,dx = 204$$

$$\left[\frac{1}{3}ax^3 + \frac{1}{2}bx^2\right]_{200}^{210} = 204$$

$\therefore \quad \frac{1261000}{3}a +$ [スセソタ 2050] $b = 204$ ……②

▶設問ではないので計算する必要はない

①，②より，

$a = -0.012$，$b =$ [テ 2] . [トナ 56]

▶$a = -0.012$ は与えられているので①に代入し，b を求める

したがって，工場Bで製造されるチョコレートのうち，重さが 208 g 以上のものは

$\int_{208}^{210} f(x)\,dx$

$= \int_{208}^{210} (-0.012x + 2.56)\,dx$

$= \left[-0.006x^2 + 2.56x\right]_{208}^{210}$

$= -5.016 + 5.12$

$= 0.104$ （[ニ 10.4] %）　（…… [ニ ③]）

□第６問【ベクトル】

ねらい

・平面と直線の垂直条件を理解しているか
・回転体（円錐）の体積を求めることができるか
・平面と直線の交点を求めることができるか

解説

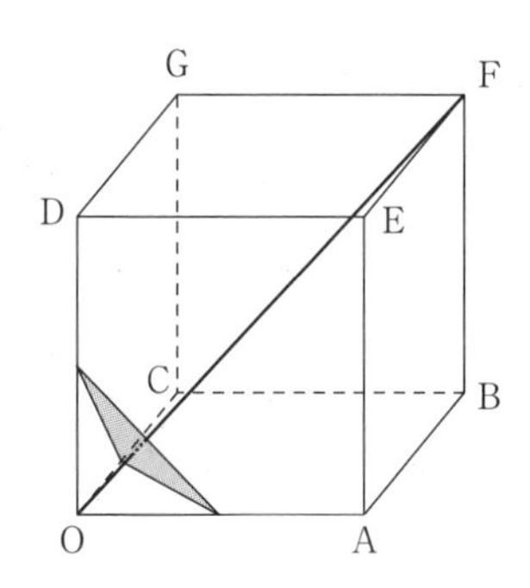

(1)
$$|\overrightarrow{OA}|=|\overrightarrow{OC}|=|\overrightarrow{OD}|=1,$$
$$\overrightarrow{OA}\cdot\overrightarrow{OC}=\overrightarrow{OC}\cdot\overrightarrow{OD}$$
$$=\overrightarrow{OD}\cdot\overrightarrow{OA}=0 \quad \cdots\cdots①$$

▶$\overrightarrow{OA}\perp\overrightarrow{OC}$，$\overrightarrow{OC}\perp\overrightarrow{OD}$，$\overrightarrow{OD}\perp\overrightarrow{OA}$より

である。また，
$$\overrightarrow{OF}=\overrightarrow{OA}+\overrightarrow{AF}$$
$$=\boxed{^{ア}\ \overrightarrow{OA}+\overrightarrow{OC}+\overrightarrow{OD}} \quad \cdots\cdots②$$

▶$\overrightarrow{AF}=\overrightarrow{OC}+\overrightarrow{OD}$

（……［ア ③］）

平面ACDと$\overrightarrow{OF}$は垂直である。そのためには，

［イ $\overrightarrow{OF}\perp\overrightarrow{AC}$ かつ $\overrightarrow{OF}\perp\overrightarrow{AD}$］（……［イ ①］）

を示せばよい。

【証明】

▶設問ではないので，実際は証明不要

$$\overrightarrow{OF}\cdot\overrightarrow{AC}=(\overrightarrow{OA}+\overrightarrow{OC}+\overrightarrow{OD})\cdot(\overrightarrow{OC}-\overrightarrow{OA})$$
$$=|\overrightarrow{OC}|^2-|\overrightarrow{OA}|^2+\overrightarrow{OC}\cdot\overrightarrow{OD}-\overrightarrow{OD}\cdot\overrightarrow{OA}$$
$$=1-1+0-0$$

▶①より

$$=0$$
$$\therefore\ \overrightarrow{OF}\perp\overrightarrow{AC}$$

同様に，$\overrightarrow{OF} \perp \overrightarrow{AD}$ （証明終）

△ACD の重心を N とすると，

$$\overrightarrow{ON} = \frac{1}{3}(\overrightarrow{OA} + \overrightarrow{OC} + \overrightarrow{OD})$$

$$= \frac{\boxed{ウ\ 1}}{\boxed{エ\ 3}}\overrightarrow{OF}$$

$\overrightarrow{OP} = t\,\overrightarrow{OF}$ とする。$\frac{1}{3} < t < \frac{2}{3}$ のとき，点 P を通り，対角線 OF に垂直な平面で立方体を切ると，断面図は $\boxed{オ\ 六角形}$ となる。　（…… $\boxed{オ\ ③}$ ）

▶3点 A($\vec{a}$)，B($\vec{b}$)，C($\vec{c}$) を頂点とする△ ABC の重心 G の位置ベクトル $\vec{g}$ は $\vec{g} = \frac{\vec{a}+\vec{b}+\vec{c}}{3}$

▶②より

▶$t = \frac{1}{3}$ のとき，点P は△ACD の重心

$t = \frac{2}{3}$ のとき，点P は△BEG の重心

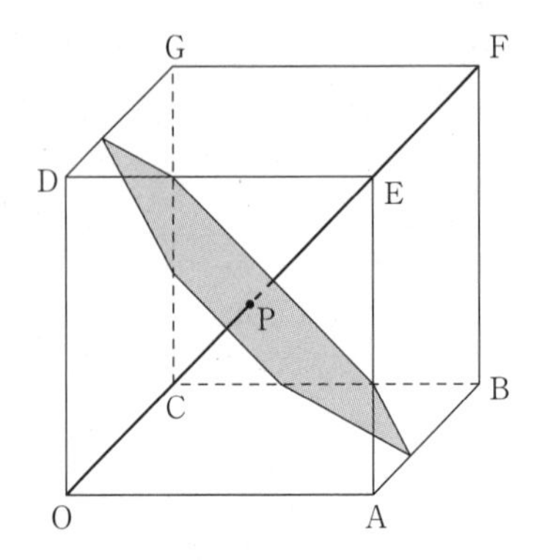

(2)　△ACD を対角線 OF の周りに 1 回転した円を底面，O を頂点とする円錐を考える。

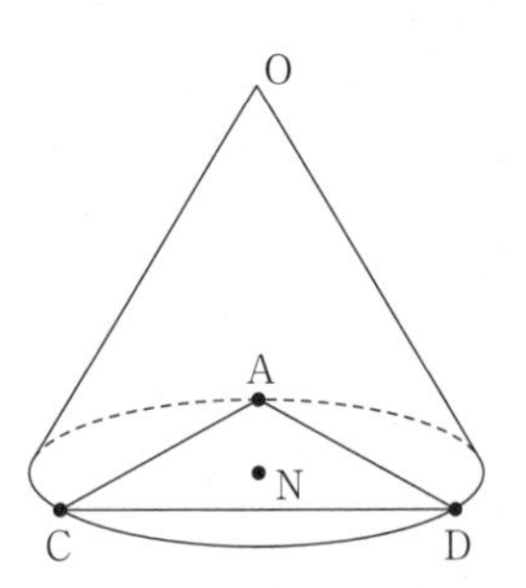

このとき，

$$\overrightarrow{NA}=\overrightarrow{OA}-\overrightarrow{ON}$$
$$=\overrightarrow{OA}-\frac{1}{3}(\overrightarrow{OA}+\overrightarrow{OC}+\overrightarrow{OD})$$
$$=\frac{2}{3}\overrightarrow{OA}-\frac{1}{3}\overrightarrow{OC}-\frac{1}{3}\overrightarrow{OD}$$

▶分解公式

より，

(底面の円の半径)^2
$$=|\overrightarrow{NA}|^2$$
$$=\left|\frac{2}{3}\overrightarrow{OA}-\frac{1}{3}\overrightarrow{OC}-\frac{1}{3}\overrightarrow{OD}\right|^2$$
$$=\frac{4}{9}|\overrightarrow{OA}|^2+\frac{1}{9}|\overrightarrow{OC}|^2+\frac{1}{9}|\overrightarrow{OD}|^2-\frac{4}{9}\overrightarrow{OA}\cdot\overrightarrow{OC}$$
$$+\frac{2}{9}\overrightarrow{OC}\cdot\overrightarrow{OD}-\frac{4}{9}\overrightarrow{OD}\cdot\overrightarrow{OA}$$
$$=\frac{4}{9}+\frac{1}{9}+\frac{1}{9}$$
$$=\frac{2}{3}$$

▶①より

一方，

$$(\text{高さ})=|\overrightarrow{ON}|$$
$$=\frac{1}{3}|\overrightarrow{OF}|$$
$$=\frac{\sqrt{3}}{3}$$

▶ $|\overrightarrow{OF}|$
$=\sqrt{|\overrightarrow{OA}|^2+|\overrightarrow{AF}|^2}$
$=\sqrt{1+2}$
$=\sqrt{3}$

より，円錐の体積は

$$\frac{1}{3}\times\frac{2}{3}\pi\times\frac{\sqrt{3}}{3}=\frac{\boxed{カ\ 2}\sqrt{\boxed{キ\ 3}}}{\boxed{クケ\ 27}}\pi$$

▶底面の半径 r，高さ h の円錐の体積は $\frac{1}{3}\times\pi r^2\times h$

〈底面の円の半径を求める別解〉

△ACD は１辺の長さが $\sqrt{2}$ の正三角形であるから，正弦定理より，外接円の半径を R とすると，

$$2R=\frac{\sqrt{2}}{\sin 60^\circ}$$
$$\therefore\quad R=\sqrt{\frac{2}{3}}$$

▶ $AC=\sqrt{OA^2+OC^2}$
$=\sqrt{2}$

▶△ABC の外接円の半径を R とすると，$2R=\frac{a}{\sin A}$

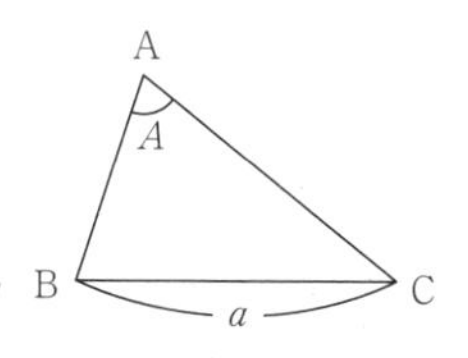

(3)

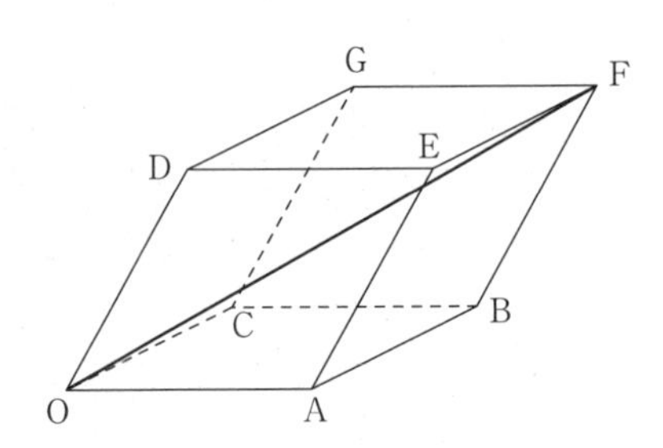

$$|\overrightarrow{OA}|=|\overrightarrow{OC}|=|\overrightarrow{OD}|=1,$$

$$\overrightarrow{OA}\cdot\overrightarrow{OC}=\overrightarrow{OC}\cdot\overrightarrow{OD}=\overrightarrow{OD}\cdot\overrightarrow{OA}$$

$$=1\cdot 1\cdot\cos\frac{\pi}{3}$$

$$=\frac{\boxed{コ\ 1}}{\boxed{サ\ 2}}\quad\cdots\cdots③$$

▶$\vec{0}$ でない2つのベクトル $\vec{a}$, $\vec{b}$ のなす角を θ ($0°\leqq\theta\leqq180°$) とすると
$\vec{a}\cdot\vec{b}=|\vec{a}||\vec{b}|\cos\theta$

また，

$$\overrightarrow{OF}=\overrightarrow{OA}+\overrightarrow{OC}+\overrightarrow{OD}$$

より，

$$|\overrightarrow{OF}|^2=|\overrightarrow{OA}+\overrightarrow{OC}+\overrightarrow{OD}|^2$$

$$=|\overrightarrow{OA}|^2+|\overrightarrow{OC}|^2+|\overrightarrow{OD}|^2+2\overrightarrow{OA}\cdot\overrightarrow{OC}+2\overrightarrow{OC}\cdot\overrightarrow{OD}+2\overrightarrow{OD}\cdot\overrightarrow{OA}$$

$$=1+1+1+1+1+1$$

▶③より

$$=6$$

$$\therefore\quad |\overrightarrow{OF}|=\sqrt{\boxed{シ\ 6}}$$

点Pが△ ACD の重心のとき，

▶断面が△ACD となるとき

$$\overrightarrow{OP}=\frac{1}{3}(\overrightarrow{OA}+\overrightarrow{OC}+\overrightarrow{OD})$$

$$=\frac{1}{3}\overrightarrow{OF}$$

より，

$$t=|\overrightarrow{OP}|=\frac{1}{3}|\overrightarrow{OF}|=\frac{\sqrt{6}}{3}$$

点Pが△BEG の重心のとき，

▶断面が△BEG となるとき

$$\overrightarrow{OP}=\frac{1}{3}(\overrightarrow{OB}+\overrightarrow{OE}+\overrightarrow{OG})$$
$$=\frac{2}{3}(\overrightarrow{OA}+\overrightarrow{OC}+\overrightarrow{OD})$$
$$=\frac{2}{3}\overrightarrow{OF}$$

▶$\overrightarrow{OB}=\overrightarrow{OA}+\overrightarrow{OC}$
$\overrightarrow{OE}=\overrightarrow{OA}+\overrightarrow{OD}$
$\overrightarrow{OG}=\overrightarrow{OC}+\overrightarrow{OD}$

より，

$$t=|\overrightarrow{OP}|=\frac{2}{3}|\overrightarrow{OF}|=\frac{2\sqrt{6}}{3}$$

これより，点Pを通り対角線OFに垂直な平面で平行六面体を切った断面が オ 六角形 になるような t の値の範囲は，

ス $\frac{\sqrt{6}}{3}<t<\frac{2\sqrt{6}}{3}$　(…… ス ③)

$\frac{\sqrt{6}}{3}<t<\frac{2\sqrt{6}}{3}$ のとき，点Pを通り，対角線OFに垂直な平面と辺AEの交点をHとする。

$$\overrightarrow{AH}=s\overrightarrow{AE}=s\overrightarrow{OD}\quad(0<s<1)$$

とおくと，

$$\overrightarrow{OH}=\overrightarrow{OA}+\overrightarrow{AH}=\overrightarrow{OA}+s\overrightarrow{OD}$$

$$\overrightarrow{OP}=\frac{|\overrightarrow{OP}|}{|\overrightarrow{OF}|}\overrightarrow{OF}=\boxed{セ\ \frac{t}{\sqrt{6}}}\overrightarrow{OF}$$　(…… セ ⓪)

であるから，$\overrightarrow{OF}\perp\overrightarrow{PH}$ より，

$$0=\overrightarrow{OF}\cdot\overrightarrow{PH}$$
$$=\overrightarrow{OF}\cdot(\overrightarrow{OH}-\overrightarrow{OP})$$
$$=\overrightarrow{OF}\cdot\left(\overrightarrow{OA}+s\overrightarrow{OD}-\frac{t}{\sqrt{6}}\overrightarrow{OF}\right)$$
$$=\overrightarrow{OF}\cdot\overrightarrow{OA}+s\overrightarrow{OF}\cdot\overrightarrow{OD}-\frac{t}{\sqrt{6}}|\overrightarrow{OF}|^2$$
$$=2+2s-\frac{t}{\sqrt{6}}\cdot 6$$

$$\therefore\quad s=\frac{\sqrt{\boxed{ソ\ 6}}}{\boxed{タ\ 2}}t-\boxed{チ\ 1}$$

▶ $\overrightarrow{OF}\cdot\overrightarrow{OA}$
$=(\overrightarrow{OA}+\overrightarrow{OC}+\overrightarrow{OD})\cdot\overrightarrow{OA}$
$=|\overrightarrow{OA}|^2+\overrightarrow{OA}\cdot\overrightarrow{OC}+\overrightarrow{OA}\cdot\overrightarrow{OD}$
$=1+\frac{1}{2}+\frac{1}{2}=2$

▶ $\overrightarrow{OF}\cdot\overrightarrow{OD}$
$=(\overrightarrow{OA}+\overrightarrow{OC}+\overrightarrow{OD})\cdot\overrightarrow{OD}$
$=\overrightarrow{OA}\cdot\overrightarrow{OD}+\overrightarrow{OC}\cdot\overrightarrow{OD}+|\overrightarrow{OD}|^2$
$=\frac{1}{2}+\frac{1}{2}+1=2$

ここで，

$$
\begin{aligned}
|\overrightarrow{OH}|^2 &= |\overrightarrow{OA}+s\overrightarrow{OD}|^2 \\
&= |\overrightarrow{OA}|^2 + 2s\overrightarrow{OA}\cdot\overrightarrow{OD} + s^2|\overrightarrow{OD}|^2 \\
&= 1 + 2\left(\frac{\sqrt{6}}{2}t-1\right)\cdot\frac{1}{2} + \left(\frac{\sqrt{6}}{2}t-1\right)^2 \\
&= \frac{3}{2}t^2 - \frac{\sqrt{6}}{2}t + 1
\end{aligned}
$$

より，求める円の面積は

$$
\begin{aligned}
\pi|\overrightarrow{PH}|^2 &= \pi\left(|\overrightarrow{OH}|^2 - |\overrightarrow{OP}|^2\right) \\
&= \pi\left\{\left(\frac{3}{2}t^2 - \frac{\sqrt{6}}{2}t + 1\right) - t^2\right\} \\
&= \pi\left(\boxed{ツ\quad \frac{t^2}{2} - \frac{\sqrt{6}}{2}t + 1}\right)
\end{aligned}
$$

（……$\boxed{ツ\ ④}$）

◆ Comment

$\frac{\sqrt{6}}{3} < t < \frac{2\sqrt{6}}{3}$ のとき，断面図は次のようになる。

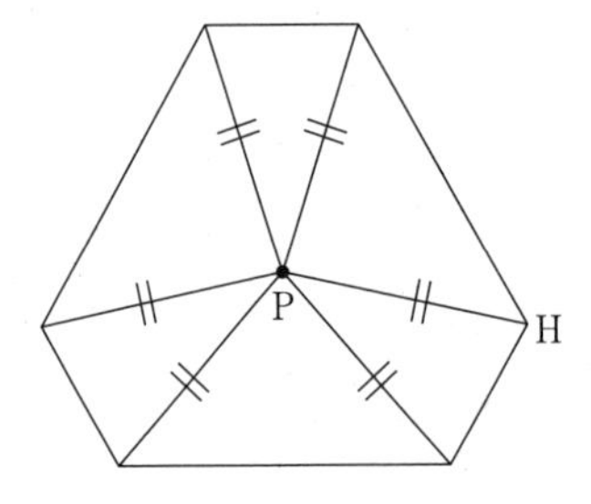

▶点Ｐから各頂点までの距離が等しい

□第７問

〔１〕【平面上の曲線】

ねらい

・２円の外接条件を理解しているか

・放物線の定義を理解しているか

・焦点と準線から放物線の方程式を求めることができるか

解説

点Pは，座標平面の x 軸上および［ア 第１象限と第４象限］に存在する。　（……［ア ②］）

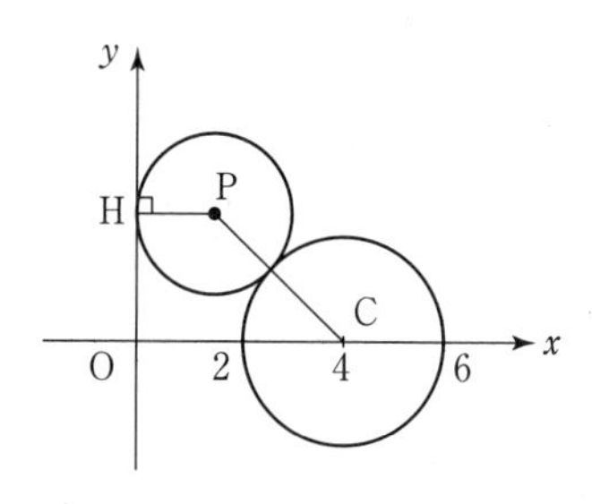

▶図を描いて調べるとよい

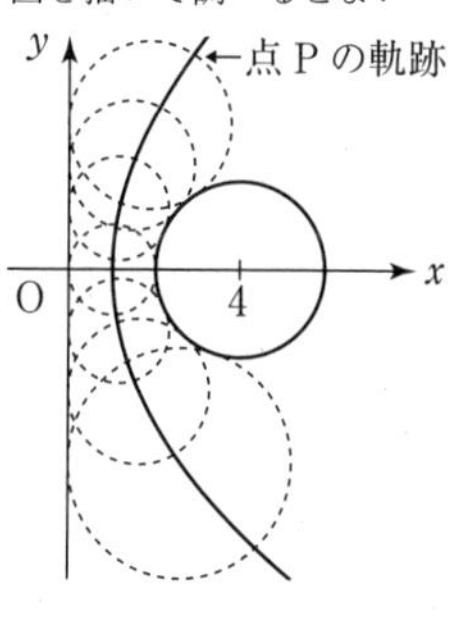

円 C の中心をC，円 K の半径を r とし，点Pから y 軸に垂線PHを引くと

PH＝(円 K の半径)＝［イ r］　（……［イ ②］）

PC＝(円 K の半径)＋(円 C の半径)＝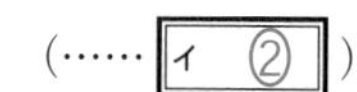［ウ $r+2$］

（……［ウ ③］）

▶２円の外接条件

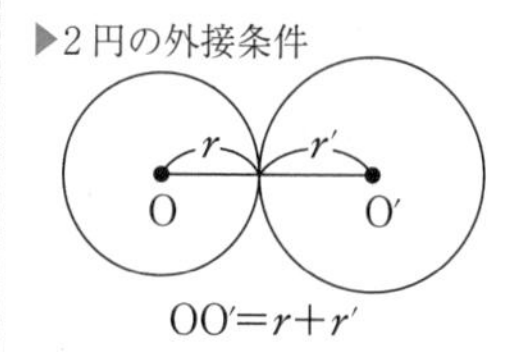

点Pから直線 $x=$［エオ -2］に垂線PH′を引くと，

PH′＝PH＋HH′＝$r+2$＝PC　……①

が成り立つ。これより，点Pの軌跡は，準線の方程式が $x=$［エオ -2］，焦点の座標がC(［カ 4］，［キ 0］)の放物線である。

▶

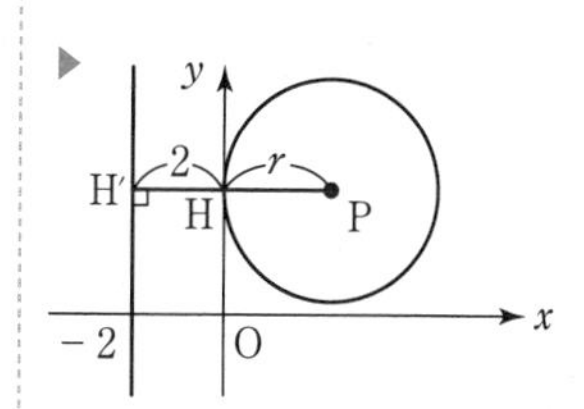

P$(x,\ y)$とおき，①を計算すると，

$$|x-(-2)|=\sqrt{(x-4)^2+y^2}$$

$$(x+2)^2=(x-4)^2+y^2$$

$$\therefore\quad y^2=\boxed{クケ\ 12}\,(x-\boxed{コ\ 1})$$

〔２〕【複素数平面】

ねらい

・１の５乗根を求めることができるか
・ド・モアブルの定理を使うことができるか
・相反方程式を処理できるか

解説

$z^5=1$ ……②

$z=\cos\theta+i\sin\theta$とおくと（$0\leqq\theta<2\pi$），ド・モアブルの定理より

▶②より，$|z|=1$なので，このようにおくことができる

$z^5=\cos 5\theta+i\sin 5\theta$

よって，②は，

$z^5=\cos\boxed{サ\ 5\theta}+i\sin\boxed{サ\ 5\theta}$ （……$\boxed{サ\ ④}$）

$1=\cos\boxed{シ\ 0}+i\sin\boxed{シ\ 0}$ （……$\boxed{シ\ ⑤}$）

より，

$\cos\boxed{サ\ 5\theta}+i\sin\boxed{サ\ 5\theta}=\cos\boxed{シ\ 0}+i\sin\boxed{シ\ 0}$

これより，kを整数とするとき，

▶$\cos\alpha+i\sin\alpha=\cos\beta+i\sin\beta \Leftrightarrow \alpha=\beta+2k\pi$（$k$は整数）

$5\theta=2k\pi$

$\therefore\ \theta=\boxed{ス\ \frac{2k\pi}{5}}$ （……$\boxed{ス\ ③}$）

▶$0\leqq\theta<2\pi$より，整数kは$k=0,\ 1,\ 2,\ 3,\ 4$とわかる

$k=1$のときの解をz_1とすると，

$z_1=\cos\frac{2}{5}\pi+i\sin\frac{2}{5}\pi$

ここで，②より，

$z^5-1=0$

$(z-1)(z^4+z^3+z^2+z+1)=0$

▶因数定理を用いて因数分解した

$z=1$は，z_1にあてはまらないから，z_1は，

$z^4+z^3+z^2+z+1=0$

を満たす。$z\neq0$だから，

$z^2+\frac{1}{z^2}+z+\frac{1}{z}+1=0$ ……③

▶両辺をz^2で割ってよい

$t=z+\dfrac{1}{z}$ とおくと，

$$z^2+\frac{1}{z^2}=\left(z+\frac{1}{z}\right)^2-2=t^2-2$$

であるから，③は，

$$(t^2-2)+t+1=0$$

$$\therefore\quad \boxed{\text{セ}\ t^2+t-1=0} \qquad (\cdots\cdots\ \boxed{\text{セ}\ ①})$$

これを解くと，

$$t=\frac{-\boxed{\text{ソ}\ 1}\pm\sqrt{\boxed{\text{タ}\ 5}}}{\boxed{\text{チ}\ 2}}$$

ここで，$|z_1|=1$ より，$\dfrac{1}{z_1}=\overline{z_1}$ であるから，

▶ $|\alpha|^2=\alpha\overline{\alpha}$ より

$$t=z_1+\frac{1}{z_1}=z_1+\overline{z_1}=2\cos\frac{2}{5}\pi$$

▶複素数 z に対し，

$(z$ の実部$)=\dfrac{z+\overline{z}}{2}$

$(z$ の虚部$)=\dfrac{z-\overline{z}}{2i}$

$\cos\dfrac{2}{5}\pi>0$ に注意すると，

$$2\cos\frac{2}{5}\pi=\frac{-1+\sqrt{5}}{2}$$

▶ $2\cos\dfrac{2}{5}\pi=\dfrac{-1-\sqrt{5}}{2}$ は不適

$$\therefore\quad \cos\frac{2}{5}\pi=\frac{-\boxed{\text{ツ}\ 1}+\sqrt{\boxed{\text{テ}\ 5}}}{\boxed{\text{ト}\ 4}}$$

MEMO

第2回

問題番号(配点)	解答番号	正解	配点	自己採点
第1問（必答問題）(15)	ア	①	2	
	イ：ウ：エ	2：4：9	3	
	オ	②	2	
	カ	①	2	
	キ：クケ	2：18	3	
	コサ：シス	11：36	3	
	小計（15点）			
第2問（必答問題）(15)	ア	②	4	
	イ	⑥	3	
	ウエ	16	2	
	オカ	16	2	
	キクケコ	4096	4	
	小計（15点）			
第3問（必答問題）(22)	ア	3	2	
	イ	⑦	1	
	ウ：エ	2：2	2	
	オ：カ：キ	8：2：3	3	
	ク	4	3	
	ケコ：サ	14：3	1	
	シスセソ：タチ	1372：27	1	
	ツ	0	1	
	テ	0	1	
	ト：ナニ	6：36	2	
	ヌ	4	1	
	ネノ	36	2	
	ハヒ：フ：ヘ	−2：3：6	2	
	小計（22点）			
第4問（選択問題）(16)	アイ：ウ	13：2	1	
	エ：オ	5：2	1	
	カ：キ	3：3	1	
	ク：ケ	3：②	2	
	コ	2	1	
	サ	2	1	
	シ	⑤	2	
	ス：セ	②：2	2	
	ソ：タ	3：⑥	2	
	チ：ツ：テ：ト：ナ	3：4：2：1：3	2	
	ニ	2	1	
	小計（16点）			

問題番号(配点)	解答番号	正解	配点	自己採点
第5問（選択問題）(16)	アイ	03	1	
	ウエ	15	1	
	オ	③	2	
	カキク：ケコ	121：75	1	
	サ：シ	0：1	1	
	ス	①	1	
	セ	2	2	
	ソ	⓪	2	
	タ	③	2	
	チ	③	3	
	小計（16点）			
第6問（選択問題）(16)	ア：イ	1：2	1	
	ウ	7	1	
	エ	2	1	
	オ：カ	1：4	2	
	キク：ケ	14：2	1	
	コ：サ：シ	2：7：3	2	
	スセ：ソ	14：8	2	
	タ：チ	1：4	1	
	ツ：テ	⑧：③	2	
	ト：ナ	1：4	1	
	ニ：ヌ	1：4	2	
	小計（16点）			
第7問（選択問題）(16)	ア	①	1	
	イ	①	1	
	ウ	③	2	
	エ	5	1	
	オ：カ	5：2	1	
	キク：ケ：コ	−2：3：2	3	
	サシ：ス	−4：3	3	
	セソ：タ：チ	−1：3：2	4	
	ツ：テ：ト：ナ	7：7：3：2		
	小計（16点）			
	合計（100点満点）			

第2回 実戦問題

□第1問【三角関数】

ねらい

・sin と cos の関係を理解しているか
・三角関数の合成ができるか
・和を積に直す公式を導くことができるか

解説

$$\sin\left(x+\frac{7}{36}\pi\right)+\sin\left(\frac{11}{36}\pi-x\right)=1 \quad \cdots\cdots ①$$

(1) $$\sin\theta=\cos\left(\boxed{ア\ \frac{\pi}{2}-\theta}\right) \qquad (\cdots\cdots \boxed{ア\ ①})$$

より，

$$\sin\left(\frac{11}{36}\pi-x\right)=\cos\left\{\frac{\pi}{2}-\left(\frac{11}{36}\pi-x\right)\right\}$$
$$=\cos\left(x+\frac{7}{36}\pi\right)$$

これより，①は

$$\sin\left(x+\frac{7}{36}\pi\right)+\cos\left(x+\frac{7}{36}\pi\right)=1$$
$$\sqrt{2}\sin\left(x+\frac{7}{36}\pi+\frac{\pi}{4}\right)=1$$

▶合成公式より，
$\sin\theta+\cos\theta=\sqrt{2}\sin\left(\theta+\frac{\pi}{4}\right)$

$$\therefore\quad \sqrt{\boxed{イ\ 2}}\sin\left(x+\frac{\boxed{ウ\ 4}}{\boxed{エ\ 9}}\pi\right)=1 \quad \cdots\cdots ②$$

(2) 加法定理より，

$$\begin{cases}\sin(\alpha+\beta)=\sin\alpha\cos\beta+\cos\alpha\sin\beta\\ \sin(\alpha-\beta)=\sin\alpha\cos\beta-\cos\alpha\sin\beta\end{cases}$$

よって，

$$\sin(\alpha+\beta)+\sin(\alpha-\beta)=\boxed{オ\ 2\sin\alpha\cos\beta}$$
$$(\cdots\cdots \boxed{オ\ ②})$$

▶辺々加えた

$\alpha+\beta=A,\ \alpha-\beta=B$ とおくと，

▶このとき，
$\alpha=\frac{A+B}{2},\ \beta=\frac{A-B}{2}$

$$\sin A+\sin B=\boxed{\text{カ}\ 2\sin\frac{A+B}{2}\cos\frac{A-B}{2}}$$

（……$\boxed{\text{カ}\ ①}$）

したがって，$A=x+\dfrac{7}{36}\pi$，$B=\dfrac{11}{36}\pi-x$ と考えることにより，①は

$$2\sin\frac{\pi}{4}\cos\left(x-\frac{\pi}{18}\right)=1$$

$$\therefore\quad \sqrt{\boxed{\text{キ}\ 2}}\cos\left(x-\frac{\pi}{\boxed{\text{クケ}\ 18}}\right)=1$$

▶$\dfrac{A+B}{2}=\dfrac{\left(x+\frac{7}{36}\pi\right)+\left(\frac{11}{36}\pi-x\right)}{2}=\dfrac{\pi}{4}$

$\dfrac{A-B}{2}=\dfrac{\left(x+\frac{7}{36}\pi\right)-\left(\frac{11}{36}\pi-x\right)}{2}=x-\dfrac{\pi}{18}$

よって，

$$x-\frac{\pi}{18}=\frac{\pi}{4}$$

$$\therefore\quad x=\frac{\boxed{\text{コサ}\ 11}}{\boxed{\text{シス}\ 36}}\pi$$

▶$0\leqq x<\pi$ より，

$-\dfrac{\pi}{18}\leqq x-\dfrac{\pi}{18}<\dfrac{17}{18}\pi$

〈コ～スの別解〉

②より，

$$x+\frac{4}{9}\pi=\frac{3}{4}\pi$$

$$\therefore\quad x=\frac{\boxed{\text{コサ}\ 11}}{\boxed{\text{シス}\ 36}}\pi$$

▶$0\leqq x<\pi$ より，

$\dfrac{4}{9}\pi\leqq x+\dfrac{4}{9}\pi<\dfrac{13}{9}\pi$

▶同じ値になる

□第２問【指数関数と三角関数，図形と方程式】

ねらい

・対数の計算ができるか
・与えられた不等式の表す領域を求めることができるか
・領域内を点が動くときの最大値を求めることができるか

解説

$$\begin{cases}(\log_2 x)^2+(\log_2 y)^2\leqq 4\log_2 x+4\log_2 y & \cdots\cdots①\\ 0<x\leqq y & \cdots\cdots②\end{cases}$$

(1)　$u=\log_2 x$，$v=\log_2 y$ とおくと，①は

$$u^2+v^2 \leqq 4u+4v$$

$$\therefore \quad (u-2)^2+(v-2)^2 \leqq 8 \quad \cdots\cdots ③$$

▶これは，(2, 2)を中心とする半径 $2\sqrt{2}$ の円の周および内部を表す領域

一方，②より，

$$\log_2 x \leqq \log_2 y$$

$$\therefore \quad v \geqq u \quad \cdots\cdots ④$$

③，④の表す領域を図示すると，ア ② の網目部分となる。ただし，境界上の点を含む。

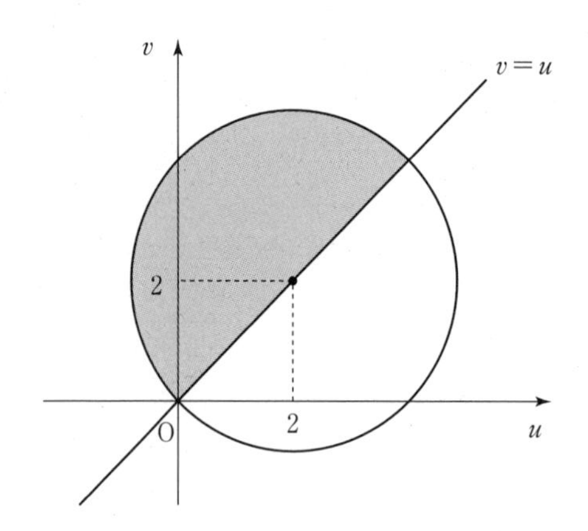

(2) $k=xy^2$ とおくと，

$$\log_2 k=\log_2 xy^2$$
$$=\log_2 x+2\log_2 y$$
$$=u+2v \quad \cdots\cdots ⑤$$

より，⑤は uv 平面上で傾き $-\frac{1}{2}$ の直線を表す。この直線を領域 D と交わるように動かすと，次図のように直線 $u+2v-\log_2 k=0$ と円 $(u-2)^2+(v-2)^2=8$ が接するとき k は最大となる。

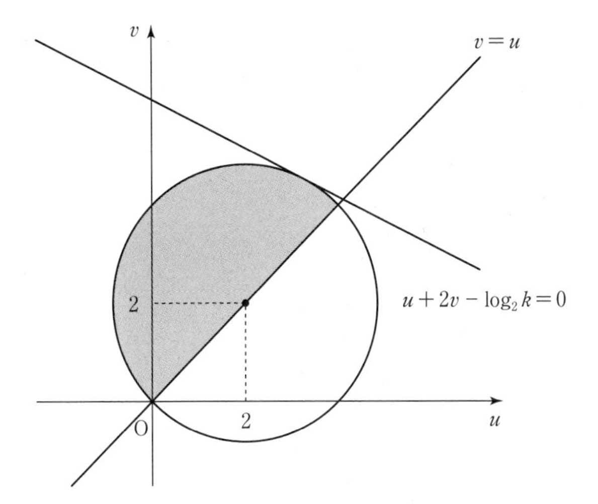

▶直線 $u+2v-\log_2 k=0$ と v 軸との交点の v 座標は正であることに注意（つまり，$\log_2 k>0$）

このときの k は，

$$\frac{|1\cdot 2+2\cdot 2-\log_2 k|}{\sqrt{1^2+2^2}}=2\sqrt{2}$$

より，

$$|\log_2 k-6|=2\sqrt{10}$$
$$\log_2 k-6=\pm 2\sqrt{10}$$

$\log_2 k>0$ より，

$$\log_2 k=6+2\sqrt{10}$$
$$\therefore\quad k=2^{6+2\sqrt{10}}$$

したがって，xy^2 の最大値は イ $2^{6+2\sqrt{10}}$ となる。

（…… 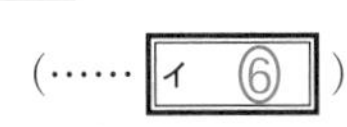 ）

▶円の中心と直線の距離を d，円の半径を r とすると，円と直線が接する条件は
$d=r$

▶$\log_2 k=6-2\sqrt{10}$ のときは下図のようになるので不適

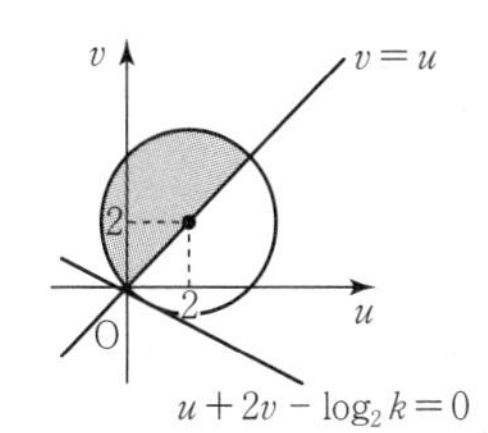

(3) $x=2^m$，$y=2^n$（m，n は０以上の整数）のとき，

$$(u,\ v)=(m,\ n)$$

となるので，$(u,\ v)$ は格子点である。$(u,\ v)$ が(1)の領域 D 内の格子点を動くとき，$u+2v=\log_2 k$ が最大となるのは，次ページの図より

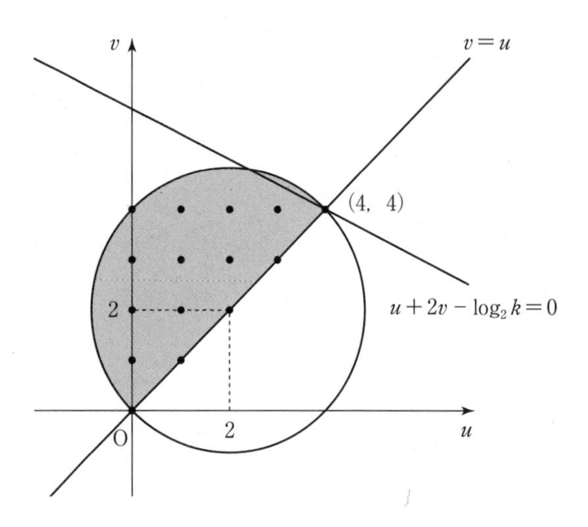

$(u,\ v)=(4,\ 4)$

のときである。このとき，

$\log_2 k=4+2\cdot 4=12$

$\therefore\quad k=2^{12}(=4096)$

より，xy^2 は $x=$ ウエ 16，$y=$ オカ 16 で最大値 キクケコ 4096 をとる。

▶ $(u,\ v)=(4,\ 4)$ を $u=\log_2 x$，$v=\log_2 y$ に代入すると，$(x,\ y)=(16,\ 16)$

第3問

〔1〕【微分と積分】

ねらい

・微積分の基本定理を理解しているか
・3次関数の増減を求めることができるか
・2次関数と y 軸に平行な2直線で囲まれた面積を求めることができるか

解説

$$g(x)=\int_a^x f(t)\,dt=\frac{1}{3}x^3-2x-3 \quad \cdots\cdots ①$$

(1) ①に $x=a$ を代入すると，

$$0=\frac{1}{3}a^3-2a-3$$

$$a^3-6a-9=0$$

$$(a-3)(a^2+3a+3)=0$$

$$\therefore\quad a=\boxed{ア\ 3}$$

▶左辺は $\int_a^a f(t)\,dt=0$

▶$a^2+3a+3=0$ は実数解をもたない

(2) ①の両辺を微分すると

$$g'(x)=\boxed{イ\ f(x)}=x^{\boxed{ウ\ 2}}-\boxed{エ\ 2}$$

$$(\cdots\cdots\boxed{イ\ ⑦})$$

▶$\dfrac{d}{dx}\displaystyle\int_a^x f(t)\,dt=f(x)$

(3) (2)より，$g(x)$の増減は次のようになる。

x	$\cdots$	$-\sqrt{2}$	$\cdots$	$\sqrt{2}$	$\cdots$
$g'(x)$	$+$	0	$-$	0	$+$
$g(x)$	↗		↘		↗

よって，極大値と極小値の差は

$$g(-\sqrt{2})-g(\sqrt{2})=\left(\frac{4\sqrt{2}}{3}-3\right)-\left(-\frac{4\sqrt{2}}{3}-3\right)$$

$$=\frac{\boxed{オ\ 8}\sqrt{\boxed{カ\ 2}}}{\boxed{キ\ 3}}$$

▶$g(-\sqrt{2})=\frac{1}{3}\cdot(-\sqrt{2})^3-2\cdot(-\sqrt{2})-3=\frac{4\sqrt{2}}{3}-3$

$g(\sqrt{2})=\frac{1}{3}\cdot(\sqrt{2})^3-2\cdot(\sqrt{2})-3=-\frac{4\sqrt{2}}{3}-3$

(4)

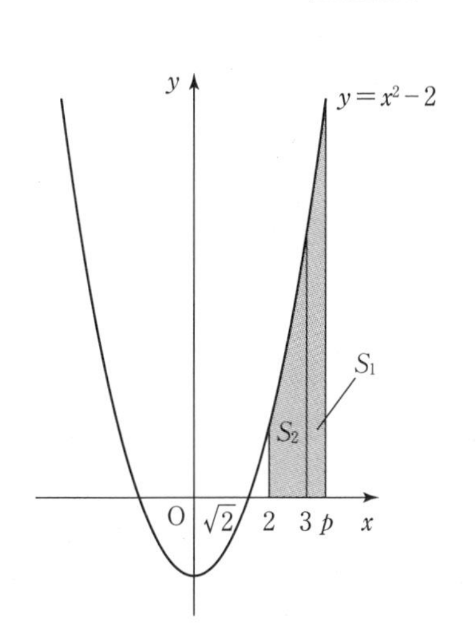

$a=3$ であるから，前ページの図のようになる。これより，

$$S_1=\int_3^p f(x)\,dx$$
$$=\left[\frac{1}{3}x^3-2x\right]_3^p$$
$$=\frac{1}{3}p^3-2p-3$$
$$S_2=\int_2^3 f(x)\,dx$$
$$=\left[\frac{1}{3}x^3-2x\right]_2^3$$
$$=\frac{13}{3}$$

よって，$S_1=\frac{31}{13}S_2$ のとき，

$$\frac{1}{3}p^3-2p-3=\frac{31}{3}$$
$$p^3-6p-40=0$$
$$(p-4)(p^2+4p+10)=0$$
$$\therefore\quad p=\boxed{ク\ 4}\quad (p>3 \text{ を満たす})$$

▶$p^2+4p+10=0$ は実数解をもたない

〔2〕【微分と積分】

ねらい

・3次関数の極値を求めることができるか
・3次方程式の解の配置の問題をグラフを利用して解くことができるか
・3次方程式が3つの整数解をもつための条件を処理できるか

解説

$$x^3-7x^2+k=0 \quad \cdots\cdots①$$
$$f(x)=-x^3+7x^2$$

を微分すると，

$$f'(x)=-3x^2+14x$$

$=-x(3x-14)$

これより，$f(x)$の増減は次のようになる。

x	$\cdots$	0	$\cdots$	$\frac{14}{3}$	$\cdots$
$f'(x)$	$-$	0	$+$	0	$-$
$f(x)$	↘	0	↗	$\frac{1372}{27}$	↘

▶$f(x)=x^2(-x+7)$より

$$f\left(\frac{14}{3}\right)=\left(\frac{14}{3}\right)^2\cdot\frac{7}{3}=\frac{196\cdot 7}{27}=\frac{1372}{27}$$

したがって，

$x=\dfrac{\boxed{ケコ\ 14}}{\boxed{サ\ 3}}$ のとき　極大値 $\dfrac{\boxed{シスセソ\ 1372}}{\boxed{タチ\ 27}}$

$x=\boxed{ツ\ 0}$ のとき　極小値 $\boxed{テ\ 0}$

となる。

(1)　$y=f(x)$のグラフは次のようになる。

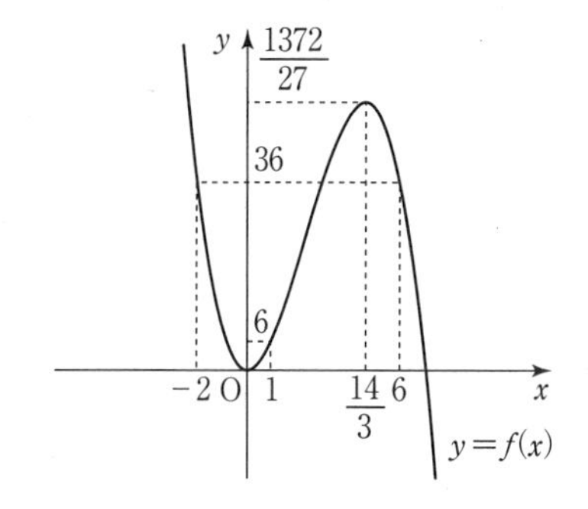

①の実数解は，$y=f(x)$と$y=k$の共有点のx座標であるから，①が3つの実数解α，β，γ（$\alpha<\beta<\gamma$）をもち$-2<\alpha$，$1<\beta$，$6<\gamma$となるkの値の範囲は，

$\boxed{ト\ 6}<k<\boxed{ナニ\ 36}$

▶

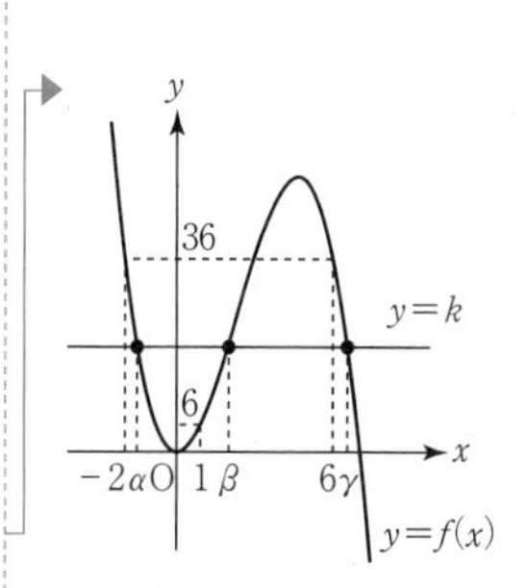

(2)　①が異なる3つの実数解α，β，γ（$\alpha<\beta<\gamma$）をもつとき，

▶

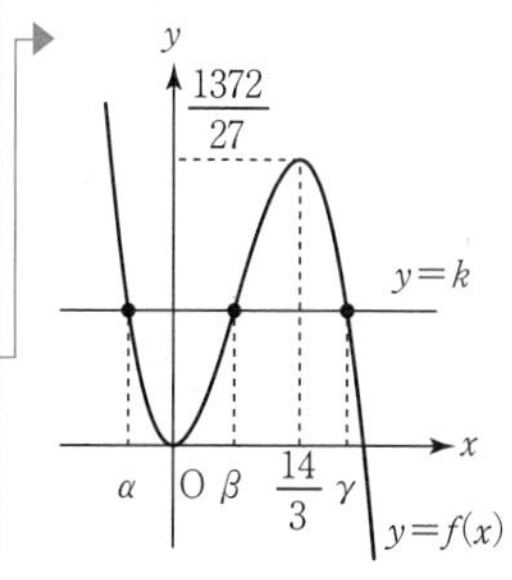

$$0<k<\frac{1372}{27}$$

であり，

$$0<\beta<\frac{14}{3}$$

である。これより，①が異なる3つの整数解をもつとき，βは

$$\beta=1,\ 2,\ 3,\ 4$$

の［ヌ　4］個のうちのいずれかである。

(i)　$\beta=1$ のとき

このとき，$k=f(1)=6$ であり，①は

$$x^3-7x^2+6=0$$

$$(x-1)(x^2-6x-6)=0$$

よって，この場合は不適。

▶①の解は $x=1,\ 3\pm\sqrt{15}$

(ii)　$\beta=2$ のとき

このとき，$k=f(2)=20$ であり，①は

$$x^3-7x^2+20=0$$

$$(x-2)(x^2-5x-10)=0$$

よって，この場合も不適。

▶①の解は $x=2,\ \dfrac{5\pm\sqrt{65}}{2}$

(iii)　$\beta=3$ のとき

このとき，$k=f(3)=36$ であり，①は

$$x^3-7x^2+36=0$$

$$(x-3)(x^2-4x-12)=0$$

$$(x-3)(x-6)(x+2)=0$$

よって，①は異なる3つの整数解をもつ。

(iv)　$\beta=4$ のとき

このとき，$k=f(4)=48$ であり，①は

$$x^3-7x^2+48=0$$

$$(x-4)(x^2-3x-12)=0$$

よって，この場合は不適。

▶①の解は $x=4,\ \dfrac{3\pm\sqrt{57}}{2}$

以上，(i)〜(iv)より，①が異なる3つの整数解をもつのは $k=$［ネノ　36］のときであり，このときの①の解は，

$x=$［ハヒ　-2］，［フ　3］，［ヘ　6］

□ 第４問【数列】

ねらい

・連立漸化式を誘導に乗って解くことができるか
・等差数列×等比数列の和を処理できるか
・Σ記号の処理を適切にできるか

解説

$a_1=\dfrac{5}{2},\ b_1=\dfrac{1}{2}$

$\begin{cases} a_{n+1}=2a_n+b_n+1 & \cdots\cdots①\\ b_{n+1}=a_n+2b_n-1 & \cdots\cdots② \end{cases}$

(1)
$\begin{cases} a_2=2a_1+b_1+1=2\cdot\dfrac{5}{2}+\dfrac{1}{2}+1=\dfrac{\boxed{アイ\ 13}}{\boxed{ウ\ 2}}\\ b_2=a_1+2b_1-1=\dfrac{5}{2}+2\cdot\dfrac{1}{2}-1=\dfrac{\boxed{エ\ 5}}{\boxed{オ\ 2}} \end{cases}$

(2) ①＋②より，

$a_{n+1}+b_{n+1}=3(a_n+b_n)$

これより，数列 $\{a_n+b_n\}$ は初項 $\boxed{カ\ 3}$，公比 $\boxed{キ\ 3}$ の等比数列であるので，

▶初項は $a_1+b_1=3$

$a_n+b_n=3\cdot3^{n-1}$
$=\boxed{ク\ 3}^{\boxed{ケ\ n}}$ ……③

（……$\boxed{ケ\ ②}$）

また，①−②より，

$a_{n+1}-b_{n+1}=a_n-b_n+2$

これより，数列 $\{a_n-b_n\}$ は初項 $\boxed{コ\ 2}$，公差 $\boxed{サ\ 2}$ の等差数列であるので，

▶初項は $a_1-b_1=2$

$a_n-b_n=2+(n-1)\cdot2$
$=\boxed{シ\ 2n}$ ……④　　（……$\boxed{シ\ ⑤}$）

▶③，④より
$a_n=\dfrac{3^n+2n}{2},\ b_n=\dfrac{3^n-2n}{2}$
となる

(3)

$$T=\sum_{k=1}^{n}k\cdot 3^k$$

$$=\sum_{i=\boxed{セ\ 2}}^{\boxed{ス\ n+1}}(i-1)\cdot 3^{i-1} \qquad (\cdots\cdots \boxed{ス\ ②})$$

▶$k=i-1$ とする

と表されるから，

$$3T=\sum_{i=\boxed{セ\ 2}}^{\boxed{ス\ n+1}}(i-1)\cdot 3^{i}$$

$$=\sum_{i=2}^{n+1}i\cdot 3^i-\sum_{i=2}^{n+1}3^i$$

$$=\left\{\sum_{i=1}^{n}i\cdot 3^i-3+(n+1)\cdot 3^{n+1}\right\}-\sum_{i=2}^{n+1}3^i$$

▶$\sum_{k=2}^{n+1}a_k=\sum_{k=1}^{n}a_k-a_1+a_{n+1}$

$$=\left\{T-\boxed{ソ\ 3}+\boxed{タ\ (n+1)\cdot 3^{n+1}}\right\}-\sum_{i=\boxed{セ\ 2}}^{\boxed{ス\ n+1}}3^i$$

$$(\cdots\cdots \boxed{タ\ ⑥})$$

したがって，

$$2T=-3+(n+1)\cdot 3^{n+1}-\sum_{i=2}^{n+1}3^i$$

$$=-3+(n+1)\cdot 3^{n+1}-\frac{9(3^n-1)}{3-1}$$

$$=\frac{3}{2}+\left(n-\frac{1}{2}\right)\cdot 3^{n+1}$$

▶初項 a，公比 $r(\neq 1)$，項数 n の等比数列の和 S_n は
$S_n=\frac{a(r^n-1)}{r-1}$

よって，

$$T=\frac{\boxed{チ\ 3}}{\boxed{ツ\ 4}}\left\{\left(\boxed{テ\ 2}\,n-\boxed{ト\ 1}\right)\cdot\boxed{ナ\ 3}^{\,n}+1\right\}$$

また，

$$S_n=\sum_{k=1}^{n}(a_k{}^2-b_k{}^2)$$

$$=\sum_{k=1}^{n}(a_k+b_k)(a_k-b_k)$$

$=\sum_{k=1}^{n} 3^k \cdot 2k$

$=2\sum_{k=1}^{n} k \cdot 3^k$

$=$ ［ニ 2］T

□ 第5問【確率分布と統計的な推測】

ねらい

・仮説検定（両側検定）の考え方を理解しているか
・二項分布の平均を求めることができるか
・正規分布を標準化して標準正規分布にできるか

解説

(1) X は二項分布 $B(500,\ 0.$［アイ 03］$)$ に従い，X の平均は

$500 \times 0.03 =$ ［ウエ 15］

▶確率変数 X が二項分布 $B(n,\ p)$ に従うとき，X の平均，標準偏差はそれぞれ
$E(X)=np$
$\sigma(X)=\sqrt{np(1-p)}$

(2) 「抽出した100個のパックの1パックあたりの内容量の平均は121gである」という帰無仮説を立てる。
標本の大きさは十分に大きいと考えると，標本平均 $\overline{Y}$ は近似的に正規分布 ［オ $N\left(121,\ \dfrac{7.5^2}{100}\right)$］ に従う。

（……［オ ③］）

▶母平均 m，母標準偏差 σ，大きさ n の標本平均 $\overline{X}$ は正規分布 $N\left(m,\ \dfrac{\sigma^2}{n}\right)$ に従う

よって，$Z=\dfrac{\overline{Y}-\text{［カキク 121］}}{0.\text{［ケコ 75］}}$ とおくと，確率変数 Z は近似的に標準正規分布 $N($［サ 0］，［シ 1］$)$ に従う。

$P(-$［ス 1.96］$\leqq Z \leqq$［ス 1.96］$) \fallingdotseq 0.95$

（……［ス ①］）

▶p(［ス］) $=\dfrac{0.95}{2}=0.475$ となる値を正規分布表から調べると［ス］$=1.96$

であるから，有意水準5%の棄却域は

$Z \leqq -$［ス 1.96］，［ス 1.96］$\leqq Z$

である。

$\overline{Y}=122.5$ のとき，

$$Z=\frac{122.5-121}{0.75}=\frac{1.5}{0.75}=\boxed{セ\ 2}$$

であり，この値は棄却域に入るから，帰無仮説は棄却される。したがって，ソ 抽出した100個のパックの1パックあたりの内容量の平均が，過去のデータの平均と異なると判断してよい。　（……ソ ⓪）

(3) 確率変数 Z_1 が標準正規分布 $N(\boxed{サ\ 0},\ \boxed{シ\ 1})$ に従うとき，正規分布表から

$$P(-\boxed{タ\ 2.58}\leqq Z_1\leqq\boxed{タ\ 2.58})\fallingdotseq 0.99$$

（……タ ③）

▶$p(\boxed{タ})=\frac{0.99}{2}=0.495$ となる値を正規分布表から調べる

標本の大きさを n とするとき

$$Z=\frac{\overline{Y}-121}{\frac{7.5}{\sqrt{n}}}$$

は，近似的に標準正規分布 $N(\boxed{サ\ 0},\ \boxed{シ\ 1})$ に従う。$\overline{Y}=122.5$ のとき，

$$Z=\frac{122.5-121}{\frac{7.5}{\sqrt{n}}}=\frac{\sqrt{n}}{5}$$

であるから，この値が有意水準1%の棄却域に含まれるとき，

$$\frac{\sqrt{n}}{5}\geqq 2.58$$

$$\sqrt{n}\geqq 12.9$$

$$n\geqq(12.9)^2=166.41$$

▶有意水準1%の棄却域は $Z\leqq-2.58,\ 2.58\leqq Z$

よって，$\overline{Y}=122.5$ が有意水準1%の棄却域に含まれるようにするには，n の値を チ 167 以上とすればよい。

（……チ ③）

□ 第６問【ベクトル】

ねらい

・平面に下した垂線の足の位置ベクトルを求めることができるか

・四面体の内接球の半径を求めることができるか

・四面体の内接球の中心の位置ベクトルを求めることができるか

解説

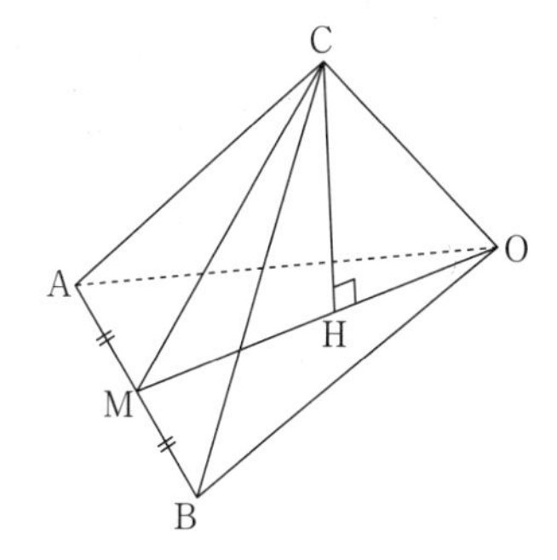

▶4つの面がすべて合同なので
OA＝OB＝CA＝CB＝3
OC＝AB＝2

(1)　点Mは辺ABの中点であるから，

$$\overrightarrow{OM}=\frac{\boxed{ア\ 1}}{\boxed{イ\ 2}}(\vec{a}+\vec{b})$$

点Cから平面OABに垂線CHを下ろすと，点Hは線分OM上の点であるから，

▶四面体OABCは平面OCMに関して対称である

$$\overrightarrow{OH}=k\overrightarrow{OM}=\frac{\boxed{ア\ 1}}{\boxed{イ\ 2}}k(\vec{a}+\vec{b})$$

と表される。ここで，

$$\overrightarrow{CH}=\overrightarrow{OH}-\overrightarrow{OC}$$
$$=\frac{1}{2}k\vec{a}+\frac{1}{2}k\vec{b}-\vec{c}$$

▶分解公式

であり，$\overrightarrow{CH}\perp\vec{a}$であるから，

$$\left(\frac{1}{2}k\vec{a}+\frac{1}{2}k\vec{b}-\vec{c}\right)\cdot\vec{a}=0\quad\cdots\cdots①$$

▶①の代わりに$\overrightarrow{CH}\cdot\vec{b}=0$を計算してもよい

$|\overrightarrow{AB}|=2$であるから，

$$|\vec{b}-\vec{a}|=2$$
$$|\vec{a}|^2+|\vec{b}|^2-2\vec{a}\cdot\vec{b}=4$$
$$9+9-2\vec{a}\cdot\vec{b}=4$$
$$\therefore\quad \vec{a}\cdot\vec{b}=\boxed{ウ\ 7}$$

▶$|\vec{a}|=|\vec{b}|=3$ を代入

同様に，$|\overrightarrow{AC}|=|\overrightarrow{BC}|=3$ より，

$$\vec{b}\cdot\vec{c}=\vec{c}\cdot\vec{a}=\boxed{エ\ 2}$$

▶例えば，$|\overrightarrow{AC}|=3$ より
$$|\vec{c}-\vec{a}|=3$$
$$|\vec{c}|^2+|\vec{a}|^2-2\vec{a}\cdot\vec{c}=9$$
$$4+9-2\vec{a}\cdot\vec{c}=9$$
$$\therefore\quad \vec{a}\cdot\vec{c}=2$$

これより，①は

$$\frac{1}{2}k|\vec{a}|^2+\frac{1}{2}k\vec{a}\cdot\vec{b}-\vec{a}\cdot\vec{c}=0$$
$$\frac{9}{2}k+\frac{7}{2}k-2=0$$
$$\therefore\quad k=\frac{\boxed{オ\ 1}}{\boxed{カ\ 4}}$$

このとき，

$$\overrightarrow{CH}=\frac{1}{8}\vec{a}+\frac{1}{8}\vec{b}-\vec{c}$$

であるから，

$$|\overrightarrow{CH}|^2=\left|\frac{1}{8}\vec{a}+\frac{1}{8}\vec{b}-\vec{c}\right|^2$$
$$=\frac{1}{64}|\vec{a}|^2+\frac{1}{64}|\vec{b}|^2+|\vec{c}|^2+\frac{1}{32}\vec{a}\cdot\vec{b}-\frac{1}{4}\vec{b}\cdot\vec{c}-\frac{1}{4}\vec{c}\cdot\vec{a}$$
$$=\frac{1}{64}\cdot 9+\frac{1}{64}\cdot 9+4+\frac{1}{32}\cdot 7-\frac{1}{4}\cdot 2-\frac{1}{4}\cdot 2$$
$$=\frac{7}{2}$$

よって，

$$|\overrightarrow{CH}|=\sqrt{\frac{7}{2}}=\frac{\sqrt{\boxed{キク\ 14}}}{\boxed{ケ\ 2}}$$

(2)
$$|\overrightarrow{OM}|=\sqrt{|\overrightarrow{OA}|^2-|\overrightarrow{AM}|^2}$$
$$=\sqrt{3^2-1^2}$$
$$=2\sqrt{2}$$
より，
$$\triangle OAB=\frac{1}{2}\times|\overrightarrow{AB}|\times|\overrightarrow{OM}|$$
$$=\frac{1}{2}\times2\times2\sqrt{2}$$
$$=2\sqrt{2}$$

▶OA＝OB より，△OAB は二等辺三角形

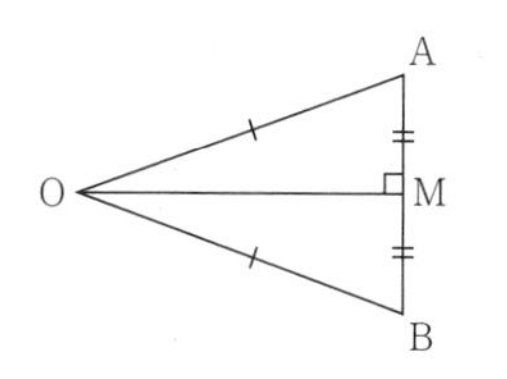

四面体 OABC の体積を V とすると，
$$V=\frac{1}{3}\times\triangle OAB\times|\overrightarrow{CH}|$$
$$=\frac{1}{3}\times2\sqrt{2}\times\frac{\sqrt{14}}{2}$$
$$=\frac{\boxed{コ\ 2}\sqrt{\boxed{サ\ 7}}}{\boxed{シ\ 3}}$$
よって，四面体 OABC のすべての面に接する球の半径を r とすると
$$V=\frac{1}{3}\times(\triangle OAB+\triangle OBC+\triangle OCA+\triangle ABC)\times r$$
より，
$$\frac{2\sqrt{7}}{3}=\frac{1}{3}\times(2\sqrt{2}+2\sqrt{2}+2\sqrt{2}+2\sqrt{2})\times r$$
$$=\frac{8\sqrt{2}}{3}r$$

▶△ABC の内接円の半径を r とすると
$$\triangle ABC=\frac{1}{2}(a+b+c)r$$
（この等式を空間に自然に拡張したものが左の等式である）

これより，
$$r=\frac{\sqrt{7}}{4\sqrt{2}}=\frac{\sqrt{\boxed{スセ\ 14}}}{\boxed{ソ\ 8}}$$
内接球の中心 I は平面 OCM 上であるから，
$$\overrightarrow{OI}=\ell(\vec{a}+\vec{b})+m\vec{c}$$
とおける。球の中心 I から平面 OAB に垂線 IL を下ろすと，
$$\overrightarrow{IL}/\!/\overrightarrow{CH},\ |\overrightarrow{IL}|=r=\frac{\sqrt{14}}{8},\ |\overrightarrow{CH}|=\frac{\sqrt{14}}{2}$$

▶四面体 OABC は平面 OCM に関して対称

より，

$$\overrightarrow{IL}=\frac{\boxed{タ\ 1}}{\boxed{チ\ 4}}\overrightarrow{CH}$$

これより，

$$\overrightarrow{OL}-\overrightarrow{OI}=\frac{\boxed{タ\ 1}}{\boxed{チ\ 4}}\overrightarrow{CH}$$

$$\overrightarrow{OL}-\{\ell(\vec{a}+\vec{b})+m\vec{c}\}=\frac{1}{4}\left(\frac{1}{8}\vec{a}+\frac{1}{8}\vec{b}-\vec{c}\right)$$

$$\therefore\quad \overrightarrow{OL}=\left(\ell+\boxed{ツ\ \frac{1}{32}}\right)(\vec{a}+\vec{b})+\left(m-\boxed{テ\ \frac{1}{4}}\right)\vec{c}\quad\cdots\cdots②$$

（……$\boxed{ツ\ ⑧}$ $\boxed{テ\ ③}$）

点Lは平面OAB上にあることから，

$$m=\frac{\boxed{ト\ 1}}{\boxed{ナ\ 4}}$$

▶$\overrightarrow{OL}=\alpha\vec{a}+\beta\vec{b}$ と表せるので，②と係数を比べればよい

さらに，点Aから平面OBCに垂線AH′を下ろすと，

$$\overrightarrow{AH'}=-\vec{a}+\frac{3}{4}\vec{b}+\frac{1}{8}\vec{c}$$

となる。

▶$\overrightarrow{AH'}$ の証明（問題を解くうえでは不要）

【証明】

点H′は平面OBC上より，

$$\overrightarrow{OH'}=s\vec{b}+t\vec{c}$$

とおける。これより，

$$\overrightarrow{AH'}=\overrightarrow{OH'}-\overrightarrow{OA}$$
$$=-\vec{a}+s\vec{b}+t\vec{c}$$

$\overrightarrow{AH'}\perp\overrightarrow{OB}$，$\overrightarrow{AH'}\perp\overrightarrow{OC}$ であるから，

$$\begin{cases}\vec{b}\cdot(-\vec{a}+s\vec{b}+t\vec{c})=0\\ \vec{c}\cdot(-\vec{a}+s\vec{b}+t\vec{c})=0\end{cases}$$

$$\therefore\quad\begin{cases}9s+2t-7=0\\ 2s+4t-2=0\end{cases}$$

これを解いて，

$$s=\frac{3}{4},\ t=\frac{1}{8}\text{(証明終)}$$

球の中心 I から平面 OBC に垂線 IN を下ろすと，

$$\overrightarrow{\mathrm{IN}}/\!/\overrightarrow{\mathrm{AH'}},\ |\overrightarrow{\mathrm{IN}}|=r=\frac{\sqrt{14}}{8},\ |\overrightarrow{\mathrm{AH'}}|=\frac{\sqrt{14}}{2}$$

より，

$$\overrightarrow{\mathrm{IN}}=\frac{\boxed{タ\ 1}}{\boxed{チ\ 4}}\overrightarrow{\mathrm{AH'}}$$

である。これより，

$$\overrightarrow{\mathrm{ON}}-\overrightarrow{\mathrm{OI}}=\frac{1}{4}\overrightarrow{\mathrm{AH'}}$$

$$\overrightarrow{\mathrm{ON}}-\{\ell(\vec{a}+\vec{b})+m\vec{c}\}=\frac{1}{4}\left(-\vec{a}+\frac{3}{4}\vec{b}+\frac{1}{8}\vec{c}\right)$$

$$\therefore\ \overrightarrow{\mathrm{ON}}=\left(\ell-\frac{1}{4}\right)\vec{a}+\left(\ell+\frac{3}{16}\right)\vec{b}+\left(m+\frac{1}{32}\right)\vec{c}$$

……③

点 N は平面 OBC 上にあるから，

$$\ell=\frac{\boxed{ニ\ 1}}{\boxed{ヌ\ 4}}$$

▶ $V=\frac{1}{3}\times\triangle\mathrm{OBC}\times|\overrightarrow{\mathrm{AH'}}|$
$=\frac{1}{3}\times\triangle\mathrm{OAB}\times|\overrightarrow{\mathrm{CH}}|$
より $|\overrightarrow{\mathrm{AH'}}|=|\overrightarrow{\mathrm{CH}}|=\frac{\sqrt{14}}{2}$

▶この部分は答が与えられているので計算は不要

▶ $\overrightarrow{\mathrm{ON}}=\alpha'\vec{b}+\beta'\vec{c}$ と表せるので，③と係数を比べればよい

□ 第７問【複素数平面】

ねらい

- 与えられた複素数の実部を求められるか
- 複素数の絶対値に関する計算ができるか
- 与えられた条件から，回転拡大変換の量を読み取ることができるか

解説

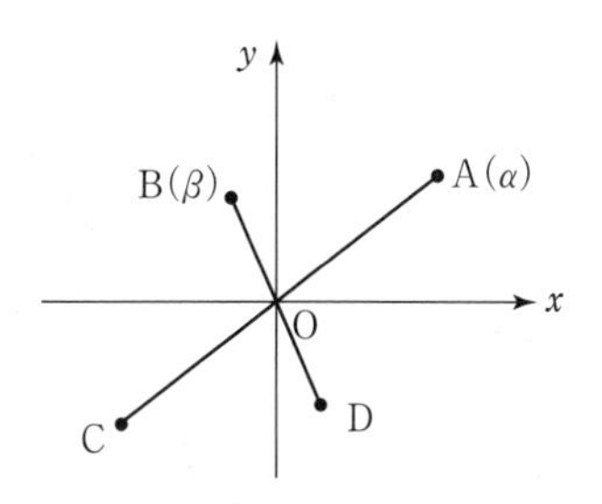

(1) 点Cが表す複素数は $\boxed{\text{ア}\ -\alpha}$ であり，

(…… $\boxed{\text{ア}\ ①}$)

点Bが虚軸上にあるとき，

$\boxed{\text{イ}\ \overline{\beta}=-\beta}$ (…… $\boxed{\text{イ}\ ①}$)

である。

また，$\beta=-\alpha^2$ であるとき，点Dを表す複素数を δ とすると，

$\delta=-\beta=\alpha^2$

であるから，点Dの実部は

$$\frac{\delta+\overline{\delta}}{2}=\frac{\alpha^2+\overline{\alpha}^2}{2}=\boxed{\text{ウ}\ \frac{\alpha^2+\overline{\alpha}^2}{2}}$$ (…… $\boxed{\text{ウ}\ ③}$)

▶複素数 $a+bi$（a，b は実数）の原点Oに関して対称な点は，$-a-bi$

▶複素数 z に対し，

$(z\text{の実部})=\dfrac{z+\overline{z}}{2}$

$(z\text{の虚部})=\dfrac{z-\overline{z}}{2i}$

(2)

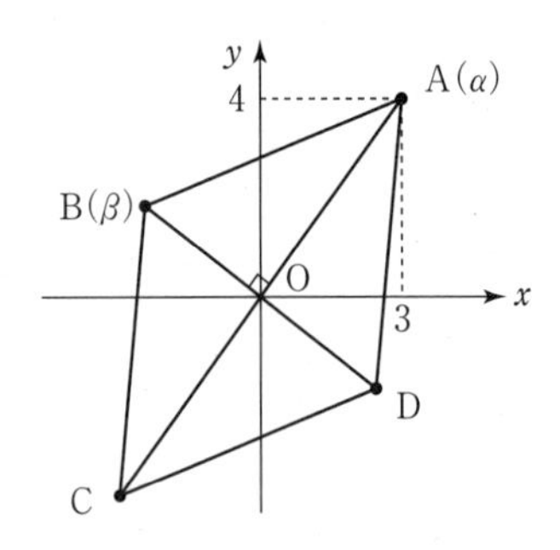

(i) $\alpha=3+4i$ より，

$|\alpha|=\sqrt{3^2+4^2}=\boxed{\text{エ}\ 5}$

四角形ABCDがひし形で，面積が25のとき

$\triangle\text{OAB}=\dfrac{1}{4}\times\square\text{ABCD}=\dfrac{25}{4}$

であるから，

$\dfrac{1}{2}|\alpha||\beta|=\dfrac{25}{4}$

$\dfrac{5}{2}|\beta|=\dfrac{25}{4}$

▶複素数 $z=a+bi$（a，b は実数）のとき，$|z|=\sqrt{a^2+b^2}$

▶$\triangle$OABは $\angle\text{AOB}=90^\circ$ の直角三角形

▶$|\alpha|=5$ より

$\therefore\quad |\beta| = \dfrac{\boxed{オ\ 5}}{\boxed{カ\ 2}}$

これより，点βは点αを原点Oを中心として$\dfrac{\pi}{2}$だけ回転し，原点からの距離を$\dfrac{1}{2}$倍にした点であるから，

▶$\dfrac{\mathrm{OB}}{\mathrm{OA}} = \dfrac{|\beta|}{|\alpha|} = \dfrac{\frac{5}{2}}{5} = \dfrac{1}{2}$

▶βの虚部は正なので，$-\dfrac{\pi}{2}$回転は不適

$$\beta = \alpha \times \frac{1}{2}\left\{\cos\frac{\pi}{2} + i\sin\frac{\pi}{2}\right\}$$
$$= (3+4i) \times \frac{1}{2}i$$
$$= \boxed{キク\ -2} + \frac{\boxed{ケ\ 3}}{\boxed{コ\ 2}}i$$

▶点γが点αを中心として点βを角θだけ回転して，点αからの距離をr倍にした点であるとき
$\gamma = (\beta - \alpha)$
$\quad \times r(\cos\theta + i\sin\theta) + \alpha$

(ii) 四角形ABCDが正方形のとき，点βは点αを原点を中心として$\dfrac{\pi}{2}$だけ回転した点であるから，

▶βの虚部は正なので，$-\dfrac{\pi}{2}$回転は不適

$$\beta = \alpha \times \left\{\cos\frac{\pi}{2} + i\sin\frac{\pi}{2}\right\}$$
$$= (3+4i) \times i$$
$$= \boxed{サシ\ -4} + \boxed{ス\ 3}\,i$$

また，点γは点αを点βを中心として$\dfrac{\pi}{3}$または$-\dfrac{\pi}{3}$だけ回転した点であるから，

▶点γが点αを中心として点βを角θだけ回転して，点αからの距離をr倍にした点であるとき
$\gamma = (\beta - \alpha)$
$\quad \times r(\cos\theta + i\sin\theta) + \alpha$

$$\gamma = (\alpha - \beta) \times \left\{\cos\left(\pm\frac{\pi}{3}\right) + i\sin\left(\pm\frac{\pi}{3}\right)\right\} + \beta$$
$$= (7+i) \times \left(\frac{1}{2} \pm \frac{\sqrt{3}}{2}i\right) + (-4+3i)$$
$$= \frac{-1 \mp \sqrt{3}}{2} + \frac{7 \pm 7\sqrt{3}}{2}i \quad \text{(複号同順)}$$

よって，γは，

$$\gamma = \frac{\boxed{セソ\ -1} + \sqrt{\boxed{タ\ 3}}}{\boxed{チ\ 2}}$$

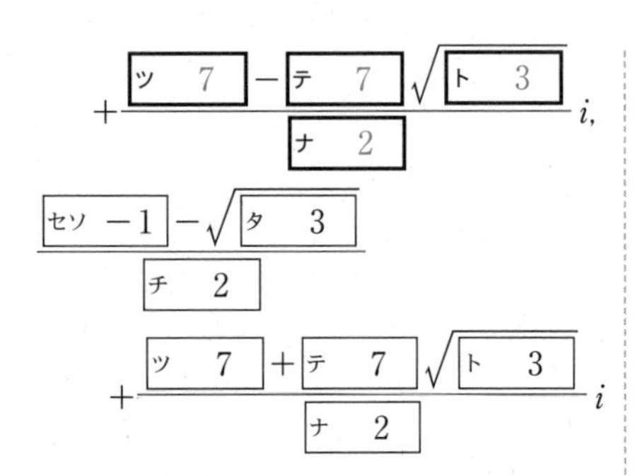

の2つである。

第3回

問題番号（配点）	解答番号	正解	配点	自己採点
第1問（必答問題）(15)	ア	5	1	
	イ ウ	3 5	2	
	エ オ	4 5	2	
	カ	⓪	2	
	キ	4	2	
	ク ケ	5 4	2	
	コ	②	2	
	サ シ	5 5	2	
	小計（15点）			
第2問（必答問題）(15)	ア イ	1 8	2	
	ウ	④	2	
	エ オ	5 8	3	
	カ	①	2	
	キ ク ケ	8 6 9	2	
	コ サ シ	8 6 9	2	
	ス セソ タ	3 91 5	2	
	小計（15点）			
第3問（必答問題）(22)	ア イ	2 2	2	
	ウ エ	2 2	2	
	オ カ キ	2 3 2	1	
	ク ケ	2 3	1	
	コ	3	1	
	サ	2	2	
	シ	2	2	
	ス	②	1	
	セ ソ	② ①	2	
	タ	②	2	
	チ ツ	2 2	3	
	テ トナ ニ	6 36 8	3	
	小計（22点）			
第4問（選択問題）(16)	ア	1	1	
	イ	3	1	
	ウ	4	1	
	エ オ	5 4	1	
	カ キ	5 3	1	
	ク ケ	5 2	1	
	コ	5	1	
	サ	②	1	
	シス	79	2	
	セソ タ	20 9	2	
	チツ	20	2	
	テトナニ	3920	2	
	小計（16点）			

問題番号（配点）	解答番号	正解	配点	自己採点
第5問（選択問題）(16)	アイウ	103	1	
	エ	2	1	
	オ	4	1	
	カ	⓪	2	
	キ	①	2	
	ク	⑥	2	
	ケ	④	2	
	コ	②	2	
	サ シ	② ④	3*	
	小計（16点）			
第6問（選択問題）(16)	ア	④	1	
	イ	⓪	1	
	ウ	①	1	
	エ	②	2	
	オ カ キ	2 3 1	2	
	ク	2	1	
	ケ	6	1	
	コ サシ ス	5 14 2	2	
	セソ	14	1	
	タ チ	2 7	2	
	ツテ ト	10 3	2	
	小計（16点）			
第7問（選択問題）(16)	ア	⓪	2	
	イ ウ	① ⓪	2	
	エ オ	5 3	2	
	カキ ク ケ	10 6 4	1	
	コ サ	2 2	2	
	シ ス セ ソタ	1 2 9 14	3	
	チ	⑤	2	
	ツ	②	2	
	小計（16点）			
合計（100点満点）				

＊ 解答の順序は問わない。

解説 第3回 実戦問題

第1問【三角関数】

ねらい

・合成公式を利用できるか
・半角の公式を理解しているか
・加法定理を正しく使えるか

解説

三角関数の合成を行うと，

$y=$ ア 5 $\sin(2x+\alpha)$

と表される。下の図より，

$\sin\alpha=\dfrac{\text{イ }3}{\text{ウ }5}$，$\cos\alpha=\dfrac{\text{エ }4}{\text{オ }5}$

▶$y=a\sin\theta+b\cos\theta$
$=\sqrt{a^2+b^2}\sin(\theta+\alpha)$

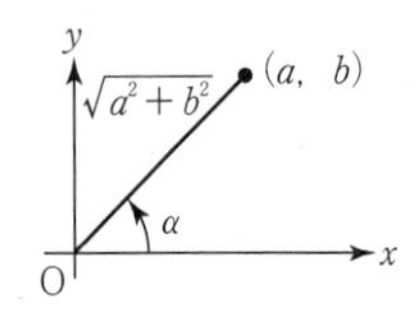

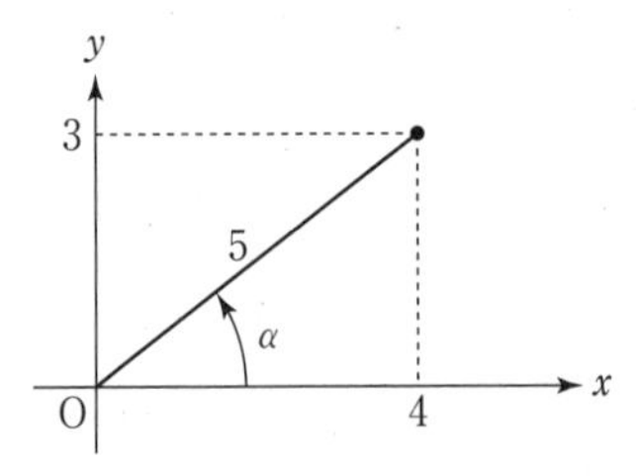

これより，αは，$0<\alpha<\dfrac{\pi}{2}$ を満たす角であり，さらに

$\tan\alpha=\dfrac{3}{4}<\tan\dfrac{\pi}{4}$ より，

カ $0<\alpha<\dfrac{\pi}{4}$　　（…… カ ⓪）

yが最大値をとるのは，

$\sin(2x+\alpha)=1$

のときである。

▶この等式を満たすxの存在を確認することにより，yの最大値は5となる

$0\leqq x<2\pi$，$0<\alpha<\dfrac{\pi}{4}$ より，

$\alpha\leqq 2x+\alpha<4\pi+\alpha$

であり，この範囲で $\sin(2x+\alpha)=1$ となるのは

$$2x+\alpha=\frac{\pi}{2},\ \frac{5}{2}\pi$$

のときである。

つまり，

$$x=\frac{\pi}{\boxed{キ\ 4}}-\frac{\alpha}{2},\ \frac{\boxed{ク\ 5}}{\boxed{ケ\ 4}}\pi-\frac{\alpha}{2}$$

のとき，y は最大値 $\boxed{ア\ 5}$ をとる。

また，

$$\sin^2\frac{\alpha}{2}=\frac{1-\cos\alpha}{2}=\boxed{コ\ \frac{1}{10}}$$

$$\cos^2\frac{\alpha}{2}=\frac{1+\cos\alpha}{2}=\boxed{コ\ \frac{9}{10}}$$

（……$\boxed{コ\ ②}$）

▶半角の公式

より，

$$\sin\frac{\alpha}{2}=\frac{1}{\sqrt{10}},\ \cos\frac{\alpha}{2}=\frac{3}{\sqrt{10}}$$

▶$0<\alpha<\frac{\pi}{4}$ より

$\sin\frac{\alpha}{2}>0,\ \cos\frac{\alpha}{2}>0$

したがって，y が最大値5をとるときの $\sin x$ の値は

$x=\frac{\pi}{\boxed{キ\ 4}}-\frac{\alpha}{2}$ のとき，

$$\sin x=\sin\left(\frac{\pi}{4}-\frac{\alpha}{2}\right)$$

$$=\sin\frac{\pi}{4}\cos\frac{\alpha}{2}-\cos\frac{\pi}{4}\sin\frac{\alpha}{2}$$

▶加法定理

$$=\frac{1}{\sqrt{2}}\cdot\frac{3}{\sqrt{10}}-\frac{1}{\sqrt{2}}\cdot\frac{1}{\sqrt{10}}$$

$$=\frac{\sqrt{\boxed{サ\ 5}}}{\boxed{シ\ 5}}$$

$x=\frac{\boxed{ク\ 5}}{\boxed{ケ\ 4}}\pi-\frac{\alpha}{2}$ のとき，

$$\sin x = \sin\left(\pi + \frac{1}{4}\pi - \frac{\alpha}{2}\right)$$
$$= -\sin\left(\frac{\pi}{4} - \frac{\alpha}{2}\right)$$
$$= -\frac{\sqrt{\boxed{\text{サ}\ 5}}}{\boxed{\text{シ}\ 5}}$$

▶ $\sin(\pi + x) = -\sin x$

□第２問

〔１〕【指数関数と対数関数】

ねらい

・日常生活の問題を数式に置き換えられるか
・常用対数の計算，および小数部分の評価ができるか
・指数の計算ができるか

解説

(1)　$E > 10^{7.5}$ のとき，

$$\log_{10} E > 7.5$$
$$4.8 + 1.5M > 7.5$$
$$M > \frac{9}{5} = \boxed{\text{ア}\ 1}.\boxed{\text{イ}\ 8}$$

(2)　マグニチュードが M，$M+3$ のときのエネルギーをそれぞれ E_2，E_3 とすると

$$\begin{cases} \log_{10} E_2 = 4.8 + 1.5M \\ \log_{10} E_3 = 4.8 + 1.5(M+3) \end{cases}$$

これより，

$$\log_{10} E_3 = \log_{10} E_2 + 4.5$$
$$= \log_{10}(E_2 \times 10^{4.5})$$
$$\therefore \quad E_3 = E_2 \times 10^{4.5}$$

よって，エネルギーは 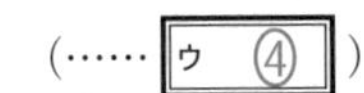 $\boxed{\text{ウ}\ 10^{4.5}}$ 倍になる。

(…… ウ ④)

(3) $\log_{10}E_1 = 4.8 + 1.5 \times 2.6$
$= 8.7$

ここで，

$\log_{10}5 < 0.7 < \log_{10}6$

より，

$\log_{10}5 \cdot 10^8 < 8.7 = \log_{10}E_1 < \log_{10}6 \cdot 10^8$

$\therefore$ [エ 5] $\times 10^{[オ\ 8]} < E_1$

$<$ ([エ 5] $+1) \times 10^{[オ\ 8]}$

▶ $\log_{10}5 = \log_{10}10 - \log_{10}2$
$= 1 - 0.3010$
$= 0.6990$
$\log_{10}6 = \log_{10}2 + \log_{10}3$
$= 0.3010 + 0.4771$
$= 0.7781$

〔2〕【図形と方程式】

ねらい

・円の接線の方程式を利用できるか
・極線の方程式を求めることができるか
・直線が円から切り取る線分の長さを求めることができるか

解説

点 A における接線の方程式は

[カ $a_1x + a_2y = 9$] （…… [カ ①]）

点 P(8, 6) はこの直線上の点であるから

[キ 8] $a_1 +$ [ク 6] $a_2 =$ [ケ 9] ……①

同様に，点 B における接線の方程式は

$b_1x + b_2y = 9$

であり，点 P はこの直線上の点であるから

[キ 8] $b_1 +$ [ク 6] $b_2 =$ [ケ 9] ……②

①，②は直線 AB の方程式が

[コ 8] $x +$ [サ 6] $y =$ [シ 9] ……③

であることを意味する。

③と原点との距離 d は

$$d = \frac{|-9|}{\sqrt{8^2 + 6^2}} = \frac{9}{10}$$

▶円 $x^2 + y^2 = r^2$ 上の点 $(p,\ q)$ における接線の方程式は
$px + qy = r^2$

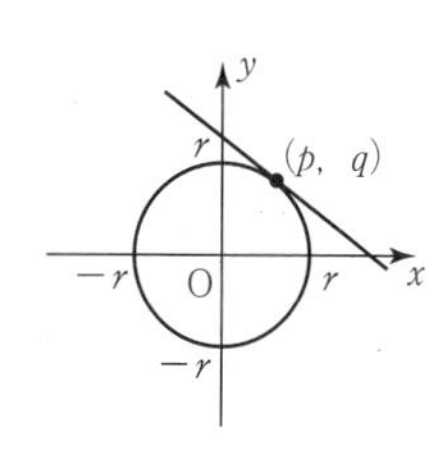

▶①は A が③上の点であることを意味し，②は B が③上の点であることを意味する（③を極 P に対する極線という）

▶点 $(p,\ q)$ と直線 $ax + by + c = 0$ の距離 d は
$$d = \frac{|ap + bq + c|}{\sqrt{a^2 + b^2}}$$

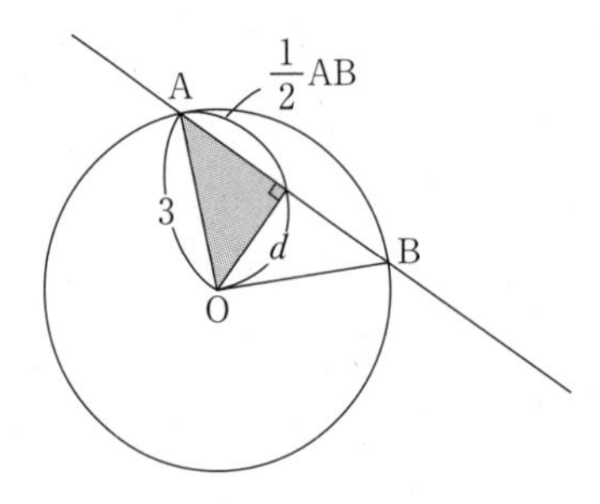

よって，三平方の定理より

$$\left(\frac{1}{2}\mathrm{AB}\right)^2+d^2=3^2$$

であるから，

$$\mathrm{AB}^2=4(9-d^2)$$

$$=4\left(9-\frac{81}{100}\right)$$

▶$d=\frac{9}{10}$

$$=\frac{819}{25}$$

$$\therefore\quad \mathrm{AB}=\frac{\boxed{ス\ 3}\sqrt{\boxed{セソ\ 91}}}{\boxed{タ\ 5}}$$

□第3問【微分と積分】

ねらい

・6分の1公式を証明できるか

・6分の1公式を使って面積を求めることができるか

・与えられた領域の面積を面積の和と差で表現できるか

解説

(1) $y=(x-a)(x-2a)$ と $y=2(x-a)$ から y を消去すると

$$(x-a)(x-2a)=2(x-a)$$

$$(x-a)(x-2a-2)=0$$

$$\therefore\quad x=a,\ 2a+2$$

▶点P，Rの x 座標

一方，$y=-(x-a)(x-2a)$ と $y=2(x-a)$ から y を消去すると

$$-(x-a)(x-2a)=2(x-a)$$

$$(x-a)(x-2a+2)=0$$

$$\therefore \quad x=a,\ 2a-2$$

よって，

$$\alpha=a,\ \beta=\boxed{ア\ 2}\,a-\boxed{イ\ 2},$$

$$\gamma=\boxed{ウ\ 2}\,a+\boxed{エ\ 2}$$

▶点P，Qの x 座標
（$a>2$ より，$2a-2>a$ に注意）

(2) 【太郎さんの証明】

$$\begin{cases}(x-p)^2=x^2-2px+p^2\\(x-p)^3=x^3-3px^2+3p^2x-p^3\end{cases}$$

より，

$$\{(x-p)^2\}'=2x-2p$$
$$=\boxed{オ\ 2}(x-p)$$

$$\{(x-p)^3\}'=3x^2-6px+3p^2$$
$$=\boxed{カ\ 3}(x-p)^{\boxed{キ\ 2}}$$

となる。

これより，

$$\int(x-p)\,dx=\frac{1}{\boxed{ク\ 2}}(x-p)^2+c$$

$$\int(x-p)^{\boxed{キ\ 2}}\,dx=\frac{1}{\boxed{ケ\ 3}}(x-p)^3+c$$

▶微分と不定積分は逆の関係
▶c は積分定数

よって，

$$\int_\alpha^\beta(x-\alpha)(x-\beta)\,dx$$

$$=\int_\alpha^\beta(x-\alpha)(x-\alpha+\alpha-\beta)\,dx$$

$$=\int_\alpha^\beta\{(x-\alpha)^2+(\alpha-\beta)(x-\alpha)\}\,dx$$

$$=\left[\frac{1}{\boxed{ケ\ 3}}(x-\alpha)^3+\frac{1}{\boxed{ク\ 2}}(\alpha-\beta)(x-\alpha)^2\right]_\alpha^\beta$$

$$=\frac{1}{\boxed{ケ\ 3}}(\beta-\alpha)^3-\frac{1}{\boxed{ク\ 2}}(\beta-\alpha)^{\boxed{コ\ 3}}$$

$$= -\frac{1}{6}(\beta - \alpha)^3$$

(3)

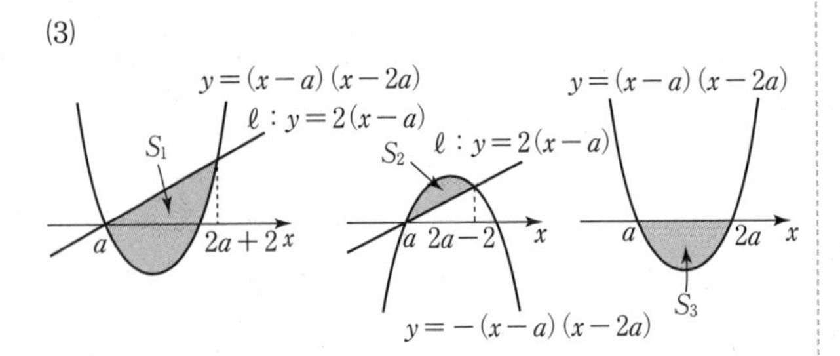

$$S_1 = \int_a^{2a+2} \{2(x-a) - (x-a)(x-2a)\}\, dx$$

$$= -\int_a^{2a+2} (x-a)(x-2a-2)\, dx$$

$$= \frac{1}{6}\{(2a+2) - a\}^3$$

$$= \frac{1}{6}\left(a + \boxed{サ\ 2}\right)^3$$

（解答の順序は問わない）

$$S_2 = \int_a^{2a-2} \{-(x-a)(x-2a) - 2(x-a)\}\, dx$$

$$= -\int_a^{2a-2} (x-a)(x-2a+2)\, dx$$

$$= \frac{1}{6}\{(2a-2) - a\}^3$$

$$= \frac{1}{6}\left(a - \boxed{シ\ 2}\right)^3$$

$$S_3 = \int_a^{2a} \{-(x-a)(x-2a)\}\, dx$$

$$= \frac{1}{6}(2a-a)^3$$

$$= \boxed{ス\ \frac{1}{6}a^3}$$

（…… ス ②）

▶ $\int_\alpha^\beta (x-\alpha)(x-\beta)\, dx = -\frac{1}{6}(\beta-\alpha)^3$

(4)

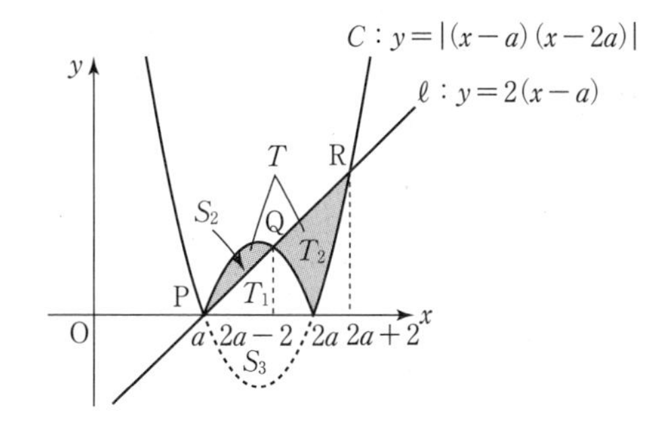

$$T_1 = \boxed{\text{セ}\quad S_3} - \boxed{\text{ソ}\quad S_2}$$

▶$S_3 = T_1 + S_2$ より

$$T_2 = S_1 - T_1 - \boxed{\text{タ}\quad S_3} \qquad (\cdots\cdots \boxed{\text{タ}\quad ②})$$

▶$S_1 = T_1 + T_2 + S_3$ より

であるから，曲線 C と直線 ℓ で囲まれる２つの部分の面積の和 T は，

$$\begin{aligned} T &= S_2 + T_2 \\ &= S_2 + (S_1 - T_1 - S_3) \\ &= S_2 + S_1 - (S_3 - S_2) - S_3 \\ &= S_1 + \boxed{\text{チ}\quad 2} S_2 - \boxed{\text{ツ}\quad 2} S_3 \\ &= \frac{1}{6}(a+2)^3 + \frac{1}{3}(a-2)^3 - \frac{1}{3}a^3 \\ &= \frac{1}{6}\left(a^3 - \boxed{\text{テ}\quad 6}\, a^2 + \boxed{\text{トナ}\quad 36}\, a - \boxed{\text{ニ}\quad 8}\right) \end{aligned}$$

□ 第４問【数列】

ねらい

・ガウス記号の意味を理解しているか
・場合分けして一般項を求めることができるか
・一般項を場合分けして定義された数列の和を求めることができるか

解説

$$a_n = \left[\frac{5n}{4}\right]$$

(1) $a_1=\left[\frac{5}{4}\right]=$ ア 1 ，$a_3=\left[\frac{15}{4}\right]=$ イ 3

(2) $\left[\frac{5n}{4}\right]=\left[n+\frac{n}{4}\right]=n+\left[\frac{n}{\boxed{ウ\ 4}}\right]$

▶aを整数とするとき $[a+b]=a+[b]$

であるから

(i) $n=4i-3$ のとき（以下，i は自然数）

$a_n=a_{4i-3}=(4i-3)+\left[\frac{4i-3}{4}\right]$

$=4i-3+(i-1)$

$=$ エ 5 $i-$ オ 4

▶a_n を5で割った余りは1

(ii) $n=4i-2$ のとき

$a_n=a_{4i-2}=(4i-2)+\left[\frac{4i-2}{4}\right]$

$=4i-2+(i-1)$

$=$ カ 5 $i-$ キ 3

▶a_n を5で割った余りは2

(iii) $n=4i-1$ のとき

$a_n=a_{4i-1}=(4i-1)+\left[\frac{4i-1}{4}\right]$

$=4i-1+(i-1)$

$=$ ク 5 $i-$ ケ 2

▶a_n を5で割った余りは3

(iv) $n=4i$ のとき

$a_n=a_{4i}=4i+[i]$

$=4i+i$

$=$ コ 5 i

▶a_n は5の倍数

(3) 98は5で割った余りが3であるから，$a_n=98$ となる n は，$n=$ サ $4i-1$ と表され，（…… サ ②）

$a_n=98$

$5i-2=98$

$\therefore\ i=20$

▶(2)(iii)のとき $a_n=5i-2$

よって，$n=4i-1=$ シス 79

(4)
$$a_{4i-3}+a_{4i-2}+a_{4i-1}+a_{4i}$$
$$=(5i-4)+(5i-3)+(5i-2)+5i$$
$$=\boxed{セソ\ 20}\,i-\boxed{タ\ 9}$$

より，

$$S=\sum_{k=1}^{\boxed{シス\ 79}}a_k$$
$$=\sum_{k=1}^{80}a_k-a_{80}$$
$$=\sum_{i=1}^{\boxed{チツ\ 20}}(a_{4i-3}+a_{4i-2}+a_{4i-1}+a_{4i})-a_{80}$$
$$=\sum_{i=1}^{20}(20i-9)-100$$
$$=\frac{(11+391)\times 20}{2}-100$$
$$=\boxed{テトナニ\ 3920}$$

▶初項 a，末項 ℓ，項数 n の等差数列の和 S_n は
$$S_n=\frac{1}{2}n(a+\ell)$$

□第5問【確率分布と統計的な推測】

ねらい

・正規分布表を利用して確率を求めることができるか
・正規分布の信頼区間を求めることができるか
・信頼区間の意味を理解しているか

解説

(1) 標本平均 $\overline{X}$ の平均（期待値）を $E(\overline{X})$，標準偏差を $\sigma(\overline{X})$ とおくと，

$$E(\overline{X})=\boxed{アイウ\ 103},\quad \sigma(\overline{X})=\frac{20}{\sqrt{100}}=\boxed{エ\ 2}$$

このとき，標本の大きさ 100 は十分に大きいので $\overline{X}$ は，近似的に正規分布 $N\left(\boxed{アイウ\ 103},\ \boxed{オ\ 4}\right)$ に従う。

ここで，$\boxed{カ\ Z=\dfrac{\overline{X}-103}{2}}$ とおくと，（……$\boxed{カ\ ⓪}$）

▶母平均 m，母標準偏差 σ の母集団から，大きさ n の標本を復元抽出するとき
$$E(\overline{X})=m,\ \sigma(\overline{X})=\frac{\sigma}{\sqrt{n}}$$
また，n が十分に大きいとき，$\overline{X}$ は近似的に正規分布 $N\left(m,\ \dfrac{\sigma^2}{n}\right)$ に従う

確率変数 Z は標準正規分布 $N(0,\ 1)$ に従う。

$$\overline{X}>106 \Leftrightarrow Z>1.5$$

であるから，正規分布表より，$\overline{X}$ が 106 より大きい確率は

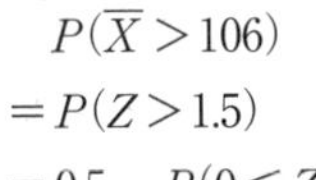

$$\begin{aligned} &P(\overline{X}>106)\\ &=P(Z>1.5)\\ &=0.5-P(0\leqq Z\leqq 1.5)\\ &=0.5-0.4332\\ &=\boxed{\text{キ}\ 0.0668} \end{aligned}$$

（…… キ ①）

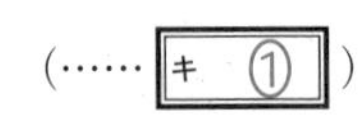

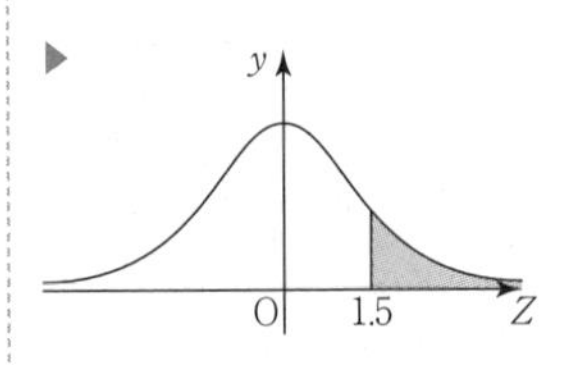

(2) 標本の大きさ 400 は十分に大きいので，$\overline{X'}$ の分布は正規分布 $N(103,\ 1)$ に従う。これを標準化すると

$$Z'=\overline{X'}-103$$

であるから，$\overline{X'}$ が 106 より大きい確率は，標準正規分布 $N(0,\ 1)$ において，$Z'>3$ となる確率となる。正規分布表より，

▶ $\sigma(\overline{X'})=\dfrac{20}{\sqrt{400}}=1$

$$\begin{aligned} &P(\overline{X'}>106)\\ &=P(Z'>3)\\ &=0.5-P(0\leqq Z'\leqq 3)\\ &=0.5-0.4987\\ &=0.0013 \end{aligned}$$

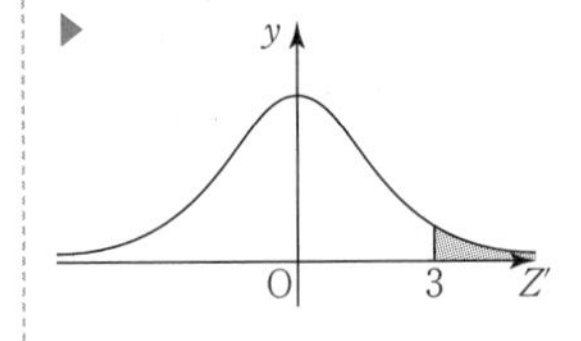

よって，約 $\boxed{\text{ク}\ 50}$ 倍（…… ク ⑥）

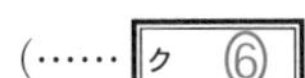

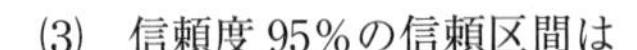

(3) 信頼度 95% の信頼区間は

$$199-1.96\times\frac{14}{\sqrt{100}}\leqq m\leqq 199+1.96\times\frac{14}{\sqrt{100}}$$

$$\therefore\ \boxed{\text{ケ}\ 196.3\leqq m\leqq 201.7}$$

（…… ケ ④）

▶母平均 m の信頼度 95% の信頼区間は

$$\overline{X}-1.96\times\frac{\sigma}{\sqrt{n}}\leqq m \leqq \overline{X}+1.96\times\frac{\sigma}{\sqrt{n}}$$

また，このときの信頼区間については，［コ 無作為抽出を繰り返し，推定した 100 個の区間のうち，約 95 個の区間に母平均が含まれている。］

（…… コ ②）

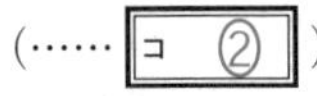

(4) 信頼度95%のとき，信頼区間の幅は，

$$B-A=2\times1.96\times\frac{\sigma}{\sqrt{n}}$$

であるから，σが同じ値のとき，サ 標本の大きさを200にすると，信頼度95%の信頼区間の幅は，標本の大きさが100のときの信頼区間の幅よりも小さくなる。

また，信頼度を上げると信頼区間の幅は大きくなる。

つまり，シ 標本の大きさが100のとき，信頼度99%の信頼区間の幅は，信頼度95%の信頼区間の幅よりも大きくなる。

よって正しく述べられているものは サ ② と シ ④ (解答の順序は問わない)。

▶信頼度99%のとき，信頼区間の幅は

$$B-A=2\times2.58\times\frac{\sigma}{\sqrt{n}}$$

□第6問【ベクトル】

ねらい

・平面上に下ろした垂線の足の意味を理解しているか
・正射影ベクトルを求めることができるか
・四面体の体積を求めることができるか

解説

(1) $\overrightarrow{\mathrm{DH}}$は平面$\alpha$に垂直であるから，

ア $\overrightarrow{\mathrm{DH}}$と$\overrightarrow{\mathrm{AB}}$，$\overrightarrow{\mathrm{AC}}$は垂直である。 (…… ア ④)

▶$\overrightarrow{\mathrm{DH}}$は平面$\alpha$上の平行でない2つのベクトルと垂直

(2) $\overrightarrow{\mathrm{AP}}$と$\vec{n}$は イ 垂直 なので， (…… イ ⓪)

$$\overrightarrow{\mathrm{AP}}\cdot\vec{n}=0$$

$$(\vec{p}-\vec{a})\cdot\vec{n}=0 \quad \cdots\cdots①$$

を満たす。

$\vec{n}$と$\overrightarrow{\mathrm{DH}}$は ウ 平行 なので， (…… ウ ①)

$\overrightarrow{DH}=k\vec{n}$ と表すことができ，

$$k\vec{n}=\overrightarrow{DH}$$
$$=\vec{h}-\vec{d}$$
$$\therefore\quad \vec{h}=k\vec{n}+\vec{d}\quad \cdots\cdots②$$

Hは平面α上の点であるから，①において $\vec{p}=\vec{h}$ とすると，

$$(k\vec{n}+\vec{d}-\vec{a})\cdot\vec{n}=0$$
$$k|\vec{n}|^2+(\vec{d}-\vec{a})\cdot\vec{n}=0$$
$$\therefore\quad k=\boxed{エ\ \frac{\vec{n}\cdot(\vec{a}-\vec{d})}{|\vec{n}|^2}}\qquad (\cdots\cdots\boxed{エ\ ②})$$

(3) 点A$(-1,\ 0,\ 1)$，点P$(x,\ y,\ z)$のとき，

$$\vec{p}-\vec{a}=(x+1,\ y,\ z-1)$$

である。

点Pが平面α上にあるとする。①を計算すると，

$$2(x+1)-3y+(z-1)=0$$

▶ $\vec{n}=(2,\ -3,\ 1)$より

$$\therefore\quad \boxed{オ\ 2}x-\boxed{カ\ 3}y+z+\boxed{キ\ 1}=0\quad\cdots\cdots③$$

よって，点B$(b,\ 2,\ 1)$，点C$(1,\ 3,\ c)$が平面α上にあるとき，

$$\begin{cases}2b-3\cdot2+1+1=0\\ 2\cdot1-3\cdot3+c+1=0\end{cases}$$

▶点B，Cの座標を③に代入する

$$\therefore\quad b=\boxed{ク\ 2},\ c=\boxed{ケ\ 6}$$

このとき，△ABCの面積Sは

$$S=\frac{1}{2}\sqrt{|\overrightarrow{AB}|^2|\overrightarrow{AC}|^2-(\overrightarrow{AB}\cdot\overrightarrow{AC})^2}$$

▶A$(-1,\ 0,\ 1)$，B$(2,\ 2,\ 1)$，C$(1,\ 3,\ 6)$より，
$\begin{cases}\overrightarrow{AB}=(3,\ 2,\ 0)\\ \overrightarrow{AC}=(2,\ 3,\ 5)\end{cases}$

$$=\frac{1}{2}\sqrt{13\cdot38-12^2}$$
$$=\frac{\boxed{コ\ 5}\sqrt{\boxed{サシ\ 14}}}{\boxed{ス\ 2}}$$

線分DHの長さを求める。まず，

$$|\vec{n}|=\sqrt{2^2+(-3)^2+1}=\sqrt{\boxed{セソ\ 14}}$$

また，D(4，5，2)のとき，

$$\vec{a}-\vec{d}=(-5,\ -5,\ -1)$$

であるから，

$$\vec{n}\cdot(\vec{a}-\vec{d})$$
$$=2\cdot(-5)+(-3)\cdot(-5)+1\cdot(-1)$$
$$=4$$

(2)より，

$$\overrightarrow{\mathrm{DH}}=\frac{\vec{n}\cdot(\vec{a}-\vec{d})}{|\vec{n}|^2}\cdot\vec{n}$$
$$=\frac{\boxed{タ\ 2}}{\boxed{チ\ 7}}\vec{n}$$

▶$\overrightarrow{\mathrm{DH}}=k\vec{n}$ に $k=\dfrac{\vec{n}\cdot(\vec{a}-\vec{d})}{|\vec{n}|^2}$ を代入

これより，四面体 ABCD の体積は

$$\frac{1}{3}\times S\times|\overrightarrow{\mathrm{DH}}|$$
$$=\frac{1}{3}\times\frac{5\sqrt{14}}{2}\times\left|\frac{2}{7}\vec{n}\right|$$
$$=\frac{1}{3}\times\frac{5\sqrt{14}}{2}\times\frac{2}{7}\sqrt{14}$$
$$=\frac{\boxed{ツテ\ 10}}{\boxed{ト\ 3}}$$

□第７問

〔1〕【平面上の曲線と複素数平面】

ねらい

- 回転移動を数式で表すことができるか
- 2次曲線を回転移動した曲線を表す式を求めることができるか
- 楕円の方程式から長軸，短軸の長さおよび焦点の座標を読み取れるか

解説

$$17x^2-16xy+17y^2=225 \quad \cdots\cdots①$$

点$(x,\ y)$は，原点を中心に点$(X,\ Y)$を$\dfrac{\pi}{4}$だけ回転した点であるから，

$$x+yi=(X+Yi)\left(\boxed{ア\ \cos\frac{\pi}{4}+i\sin\frac{\pi}{4}}\right)$$

（……$\boxed{ア\ ⓪}$）

$$=(X+Yi)\left(\frac{1}{\sqrt{2}}+\frac{1}{\sqrt{2}}i\right)$$

$$=\frac{X-Y}{\sqrt{2}}+\frac{X+Y}{\sqrt{2}}i$$

$x,\ y,\ X,\ Y$は実数であるから

$$x=\boxed{イ\ \frac{X-Y}{\sqrt{2}}},\ y=\boxed{ウ\ \frac{X+Y}{\sqrt{2}}}\ \cdots\cdots②$$

（……$\boxed{イ\ ①}\boxed{ウ\ ⓪}$）

②を①に代入すると

$$17\left(\frac{X-Y}{\sqrt{2}}\right)^2-16\cdot\frac{X-Y}{\sqrt{2}}\cdot\frac{X+Y}{\sqrt{2}}+17\left(\frac{X+Y}{\sqrt{2}}\right)^2$$
$$=225$$

$$17(X-Y)^2-16(X-Y)(X+Y)+17(X+Y)^2$$
$$=450$$

$$18X^2+50Y^2=450$$

$$\frac{X^2}{\boxed{エ\ 5}^2}+\frac{Y^2}{\boxed{オ\ 3}^2}=1\ \cdots\cdots③$$

これは，長軸の長さが$\boxed{カキ\ 10}$，短軸の長さが$\boxed{ク\ 6}$，焦点の座標が$\left(\boxed{ケ\ 4},\ 0\right)$，$\left(-\boxed{ケ\ 4},\ 0\right)$の楕円である。

このことから，曲線Cは楕円$\dfrac{X^2}{\boxed{エ\ 5}^2}+\dfrac{Y^2}{\boxed{オ\ 3}^2}=1$を原点を中心に$\dfrac{\pi}{4}$だけ回転した楕円であり，焦点の座標は

$\left(\boxed{コ\ 2}\sqrt{\boxed{サ\ 2}},\ \boxed{コ\ 2}\sqrt{\boxed{サ\ 2}}\right)$，

▶点γが点αを中心として点βを角θだけ回転して，点αからの距離をr倍にした点であるとき
$\gamma=(\beta-\alpha)\times r(\cos\theta+i\sin\theta)+\alpha$

▶$a,\ b,\ c,\ d$が実数のとき
$a+bi=c+di$
$\Leftrightarrow a=c,\ b=d$

▶これは，曲線Cを原点を中心に$-\dfrac{\pi}{4}$だけ回転したものが③であることを意味する

▶楕円$\dfrac{x^2}{a^2}+\dfrac{y^2}{b^2}=1\ (a>b>0)$の焦点の座標は
$(\sqrt{a^2-b^2},0),\ (-\sqrt{a^2-b^2},0)$

▶$(4,\ 0)$，$(-4,\ 0)$を原点を中心に$\dfrac{\pi}{4}$だけ回転した点

$\left(-\boxed{コ\ 2}\sqrt{\boxed{サ\ 2}},\ -\boxed{コ\ 2}\sqrt{\boxed{サ\ 2}}\right)$

である。

〔2〕【複素数平面】

ねらい

- 三角形の形状から$\gamma-\beta/\alpha-\beta$の値を求めることができるか
- 直角二等辺三角形となるように点を決定できるか
- 直角二等辺三角形となるα，β，γの条件を求めることができるか

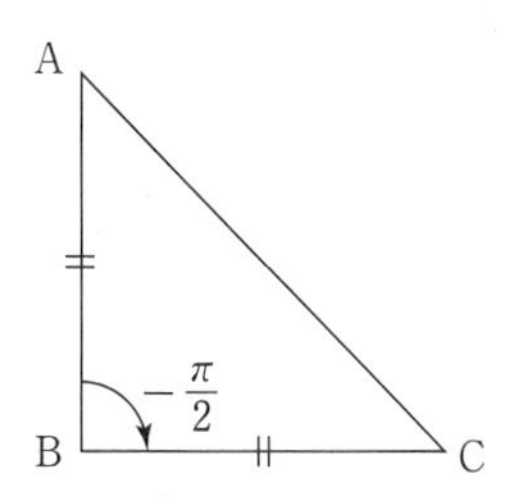

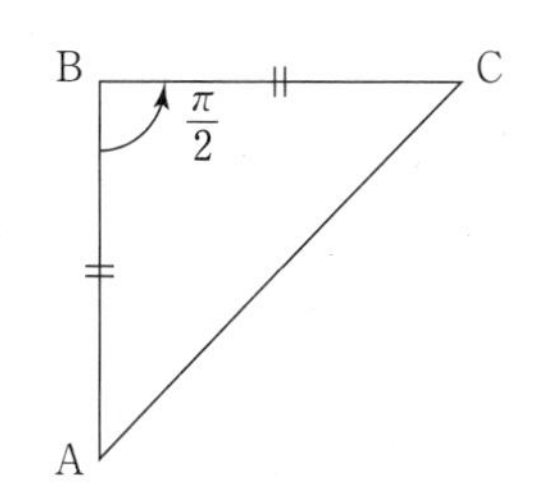

解説

△ABC が AB＝BC，∠ABC＝$\dfrac{\pi}{2}$ の直角二等辺三角形のとき，点 C は，点 A を点 B を中心として$\pm\dfrac{\pi}{2}$だけ回転移動した点であるから，

▶上図よりわかる

$$\gamma-\beta=(\alpha-\beta)\times\left\{\cos\left(\pm\frac{\pi}{2}\right)+i\sin\left(\pm\frac{\pi}{2}\right)\right\}$$

$$\therefore\quad \gamma-\beta=(\alpha-\beta)\times(\pm i)\quad（複号同順）\quad\cdots\cdots①$$

▶点γが点αを中心として点βを角θだけ回転して，点αからの距離をr倍にした点であるとき
$\gamma=(\beta-\alpha)\times r(\cos\theta+i\sin\theta)+\alpha$

よって，$\beta=5+8i$，$\gamma=11+4i$ のとき

$$6-4i=(\alpha-5-8i)\times(\pm i)$$

▶①に代入

$$\alpha-5-8i=-4-6i,\ 4+6i$$

$$\therefore\quad \alpha=\boxed{シ\ 1}+\boxed{ス\ 2}i,\ \boxed{セ\ 9}+\boxed{ソタ\ 14}i$$

また，AB＝BC，∠ABC＝$\dfrac{\pi}{2}$ のとき，①より

$$\frac{\gamma-\beta}{\alpha-\beta}=\boxed{チ\ \pm i}$$ (……$\boxed{チ\ ⑤}$)

これより

$$\left(\frac{\gamma-\beta}{\alpha-\beta}\right)^2=-1$$

$$(\gamma-\beta)^2=-(\alpha-\beta)^2$$

$$\therefore\ \boxed{ツ\ (\alpha-\beta)^2+(\gamma-\beta)^2}=0$$ (……$\boxed{ツ\ ②}$)

第4回

問題番号(配点)	解答番号	正解	配点	自己採点
第1問(必答問題)(15)	ア イ	① ⑦	1	
	ウ エ	2 1	3	
	オ	1	3	
	カ キ ク	6 9 2	3	
	ケ	⑦	2	
	コ サ	2 3	1	
	シ ス	1 6	2	
	小計（15点）			
第2問(必答問題)(15)	ア	2	3	
	イ	4	3	
	ウ	⑤	3	
	エ	②	3	
	オカ キ	10 3	3	
	小計（15点）			
第3問(必答問題)(22)	ア	④	1	
	イ	③	1	
	ウ エオ	6 18	1	
	カ キ	2 6	1	
	ク ケ	3 0	1	
	コサ シ	16 3	3	
	ス セ	1 2	3	
	ソタ チ ツ テ	16 4 3 4	2	
	ト ナ ニ ヌネ	2 3 6 10	2	
	ノ ハ ヒ	4 3 3	2	
	フ	4	2	
	ヘ	3	3	
	小計（22点）			
第4問(選択問題)(16)	ア イ	2 5	1	
	ウ エ オ カ	5 3 2 5	3	
	キ	4	1	
	ク ケ	2 3	2	
	コサ	10	1	
	シ ス	2 3	1	
	セ ソ	3 1	1	
	タ チ	3 3	1	
	ツテト	243	1	
	ナ	④	2	
	ニ ヌ ネ ノ	9 8 2 1	2	
	小計（16点）			

問題番号(配点)	解答番号	正解	配点	自己採点
第5問(選択問題)(16)	ア	①	1	
	イ	①	1	
	ウエ	90	2	
	オ	6	2	
	カキ ク	90 6	1	
	ケ コ	0 1	1	
	サ	⓪	1	
	シ ス	2 3	2	
	セ	②	2	
	ソ	②	3	
	小計（16点）			
第6問(選択問題)(16)	ア イ ウ エ オ	2 2 2 3 2	2	
	カ	⑤	1	
	キ	⑦	1	
	ク	②	1	
	ケ	④	1	
	コサ シス	16 48	2	
	セ ソ タチツ テ	2 3 128 3	2	
	ト ナ ニ	8 6 3	1	
	ヌ	①	2	
	ネ ノ	5 3	1	
	ハ ヒ フ	4 3 0	2	
	小計（16点）			
第7問(選択問題)(16)	ア イ	5 6	1	
	ウ エ	1 3	1	
	オ カ	2 7	1	
	キ	⑦	2	
	ク ケ コ サ	1 3 5 6	3	
	シ ス	3 7	3	
	セ ソ	3 1	2	
	タチ ツ テ	−3 2 3	3	
	小計（16点）			
	合計（100点満点）			

第4回 実戦問題

□ 第1問【三角関数】

ねらい

・$\sin\theta$，$\cos\theta$，$\tan\theta$ の関係を使えるか
・因数定理を利用して因数分解できるか
・加法定理を正しく使うことができるか

解説

$$4\sin x+2\cos x=4-\tan\frac{x}{2} \quad \cdots\cdots①$$

(1) 2倍角の公式より，

$$\sin x=\boxed{ア\ 2\sin\frac{x}{2}\cos\frac{x}{2}} \qquad (\cdots\cdots\boxed{ア\ ①})$$

$$\cos x=\boxed{イ\ \cos^2\frac{x}{2}-\sin^2\frac{x}{2}} \qquad (\cdots\cdots\boxed{イ\ ⑦})$$

▶2倍角の公式
$\sin 2\alpha=2\sin\alpha\cos\alpha$
$\cos 2\alpha=\cos^2\alpha-\sin^2\alpha$

$\cos^2\dfrac{x}{2}+\sin^2\dfrac{x}{2}=1$ より，

$$\sin x=\boxed{ア\ 2\sin\frac{x}{2}\cos\frac{x}{2}}$$

$$=\frac{\boxed{ア\ 2\sin\frac{x}{2}\cos\frac{x}{2}}}{\cos^2\frac{x}{2}+\sin^2\frac{x}{2}}$$

$$=\frac{2\dfrac{\sin\frac{x}{2}}{\cos\frac{x}{2}}}{1+\left(\dfrac{\sin\frac{x}{2}}{\cos\frac{x}{2}}\right)^2}$$

▶分母，分子を $\cos^2\dfrac{x}{2}\ (\neq 0)$ で割った

$$=\frac{2\tan\frac{x}{2}}{1+\tan^2\frac{x}{2}}$$

$$= \frac{\boxed{ウ\ 2}\,m}{\boxed{エ\ 1}+m^2}$$

一方,

$$\cos x = \boxed{イ\ \cos^2\frac{x}{2}-\sin^2\frac{x}{2}}$$

$$= \frac{\boxed{イ\ \cos^2\frac{x}{2}-\sin^2\frac{x}{2}}}{\cos^2\frac{x}{2}+\sin^2\frac{x}{2}}$$

$$= \frac{1-\left(\dfrac{\sin\frac{x}{2}}{\cos\frac{x}{2}}\right)^2}{1+\left(\dfrac{\sin\frac{x}{2}}{\cos\frac{x}{2}}\right)^2}$$

▶分母，分子を $\cos^2\frac{x}{2}(\neq 0)$ で割った

$$= \frac{\boxed{オ\ 1}-m^2}{\boxed{エ\ 1}+m^2}$$

◆ Point

媒介変数表示

$$\cos x = \frac{1-m^2}{1+m^2},\quad \sin x = \frac{2m}{1+m^2}$$

は次図のように，単位円 $x^2+y^2=1$ と直線 $y=m(x+1)$ の $(-1,\ 0)$ 以外の交点として与えられることが知られている。

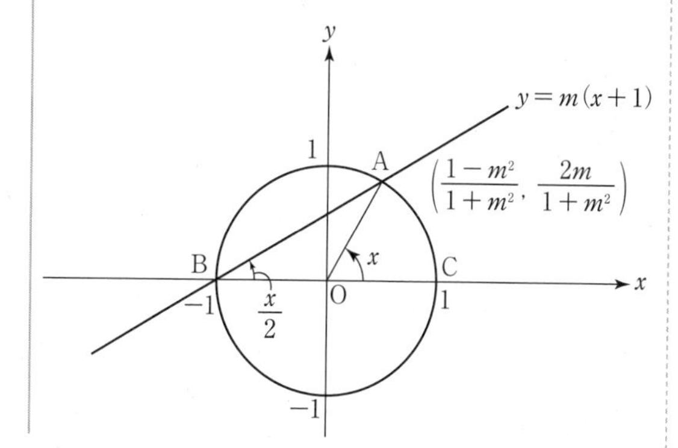

▶$\angle ABC = \frac{x}{2}$ より，

$m = \tan\frac{x}{2}$

▶円周角と中心角の関係より，
$\angle AOC = 2\angle ABC = x$

▶三角関数の定義より，
$A(\cos x,\ \sin x)$

(2) (1)の結果を①に代入すると，

$$4\cdot\frac{\boxed{ウ\ 2}m}{\boxed{エ\ 1}+m^2}+2\cdot\frac{\boxed{オ\ 1}-m^2}{\boxed{エ\ 1}+m^2}=4-m$$

$$8m+2(1-m^2)=(4-m)(1+m^2)$$

$$\therefore\quad m^3-\boxed{カ\ 6}m^2+\boxed{キ\ 9}m-\boxed{ク\ 2}=0$$

因数分解すると

$$(m-2)(m^2-4m+1)=0$$

$$\therefore\quad m=2,\ 2\pm\sqrt{3}$$

▶因数定理

ここで，$-\dfrac{\pi}{2}<x<\dfrac{\pi}{2}$ より，$\boxed{ケ\ -1<m<1}$

(…… $\boxed{ケ\ ⑦}$)

▶$-\dfrac{\pi}{4}<\dfrac{x}{2}<\dfrac{\pi}{4}$ であるから，

$-1<m=\tan\dfrac{x}{2}<1$

であるから，m の値は，

$$m=2-\sqrt{3}$$

ここで，

$$\tan\frac{\pi}{12}=\tan\left(\frac{\pi}{3}-\frac{\pi}{4}\right)$$

$$=\frac{\tan\frac{\pi}{3}-\tan\frac{\pi}{4}}{1+\tan\frac{\pi}{3}\tan\frac{\pi}{4}}$$

▶加法定理

$\tan(\alpha-\beta)=\dfrac{\tan\alpha-\tan\beta}{1+\tan\alpha\tan\beta}$

$$=\frac{\sqrt{3}-1}{1+\sqrt{3}}$$

$$=\frac{(\sqrt{3}-1)^2}{2}$$

▶分母を有理化

$$=\boxed{コ\ 2}-\sqrt{\boxed{サ\ 3}}$$

$y=\tan\dfrac{x}{2}$ は$-\dfrac{\pi}{2}<x<\dfrac{\pi}{2}$ において単調増加であるから，$\tan\dfrac{x}{2}=2-\sqrt{3}$ を満たす $\dfrac{x}{2}$ は

$$\frac{x}{2}=\frac{\pi}{12}$$

のみである。したがって，

▶

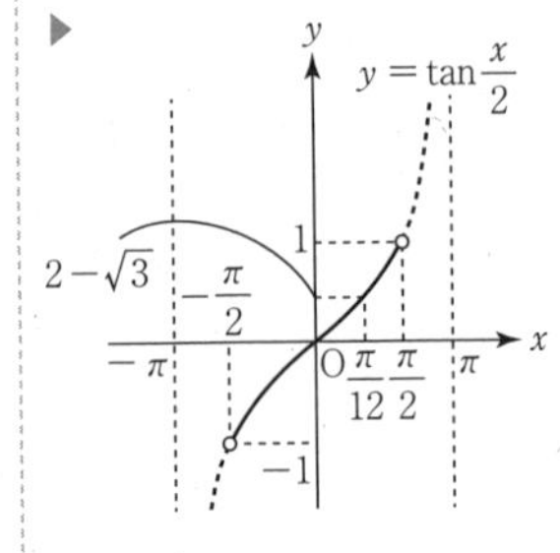

$$x=\frac{\boxed{シ\ 1}}{\boxed{ス\ 6}}\pi$$

□ 第２問【指数関数と対数関数】

ねらい

・日常生活の問題を数式に置き換えられるか
・常用対数の計算ができるか
・指数と対数の関係を理解しているか

解説

$$\frac{L_1}{L_2}=10^{\frac{2}{5}(m_2-m_1)} \quad \cdots\cdots①$$

(1) ①において，$m_2=6$，$m_1=1$ とすると，

$$\frac{L_1}{L_2}=10^{\frac{2}{5}\cdot 5}=10^2$$

よって，1 等級の星は 6 等級の星より $10^{\boxed{ア\ 2}}$ 倍明るい。

同様に，①において，$m_2=11$，$m_1=1$ とすると，

$$\frac{L_1}{L_2}=10^{\frac{2}{5}\cdot 10}=10^4$$

よって，1 等級の星は 11 等級の星より $10^{\boxed{イ\ 4}}$ 倍明るい。

(2)
$$① \Leftrightarrow \log_{10}\frac{L_1}{L_2}=\frac{2}{5}(m_2-m_1)$$

$$\Leftrightarrow \boxed{ウ\ \log_{10}L_1-\log_{10}L_2=\frac{2}{5}(m_2-m_1)}$$

（……$\boxed{ウ\ ⑤}$）

(3) 5 等級の星の 240 倍の明るさの星が m 等級の星であるとすると

$$240=10^{\frac{2}{5}(5-m)}$$

これより，

$$\log_{10}240=\frac{2}{5}(5-m)$$

$$3\log_{10}2+\log_{10}3+1=\frac{2}{5}(5-m)$$

$$3\cdot0.3010+0.4771+1=\frac{2}{5}(5-m)$$

$$2.3801=\frac{2}{5}(5-m)$$

$$\therefore\quad 5-m=5.95\cdots\cdots$$

よって，$m=-0.95\cdots\cdots\fallingdotseq$ エ -1 （等級）である。

（…… エ ② ）

▶ $\log_{10}240$
$=\log_{10}2^3\cdot3\cdot10$
$=\log_{10}2^3+\log_{10}3+\log_{10}10$
$=3\log_{10}2+\log_{10}3+1$

(4)　問題文より，$\dfrac{L_1}{L_2}=30$ であり，

$$\frac{L_1}{L_3}=10^{\frac{2}{5}(m_3-m_1)}=10^{\frac{2}{5}\cdot5}=100$$

であるから，

$$\frac{L_2}{L_3}=\frac{L_1}{L_3}\cdot\frac{L_2}{L_1}=100\cdot\frac{1}{30}=\frac{\text{オカ }10}{\text{キ }3}$$

□第3問

〔1〕【微分と積分】

ねらい

・共通接線を求めることができるか

・放物線と2接線で囲まれた図形の面積を求めることができるか

・放物線と直線で囲まれた図形の面積を求めることができるか

解説

$$\begin{cases} C_1:y=x^2-4x+7 & \cdots\cdots① \\ C_2:y=-x^2+8x-19 & \cdots\cdots② \end{cases}$$

(1)　①を微分すると，

$y' = 2x - 4$

であるから，C_1 上の点$(s,\ s^2 - 4s + 7)$における接線の方程式は

$y = (2s - 4)(x - s) + s^2 - 4s + 7$

$\therefore$ ア $y = (2s - 4)x - s^2 + 7$ ……③

(……ア ④)

▶$y = f(x)$ 上の点$(a,\ f(a))$における接線の方程式は，
$y = f'(a)(x - a) + f(a)$

一方，②を微分すると，

$y' = -2x + 8$

であるから，C_2 上の点$(t,\ -t^2 + 8t - 19)$における接線の方程式は

$y = (-2t + 8)(x - t) - t^2 + 8t - 19$

$\therefore$ イ $y = (-2t + 8)x + t^2 - 19$ ……④

(……イ ③)

共通接線は，③，④が一致することであるから，

$$\begin{cases} 2s - 4 = -2t + 8 \\ -s^2 + 7 = t^2 - 19 \end{cases}$$

▶③，④の傾き，y 切片をそれぞれ比べた

これを解くと

$(s,\ t) = (5,\ 1),\ (1,\ 5)$

よって，共通接線の方程式は

$y =$ ウ 6 $x -$ エオ 18

$y = -$ カ 2 $x +$ キ 6

(2) (1)より，下図のようになる。

▶A，Bは逆でもよい

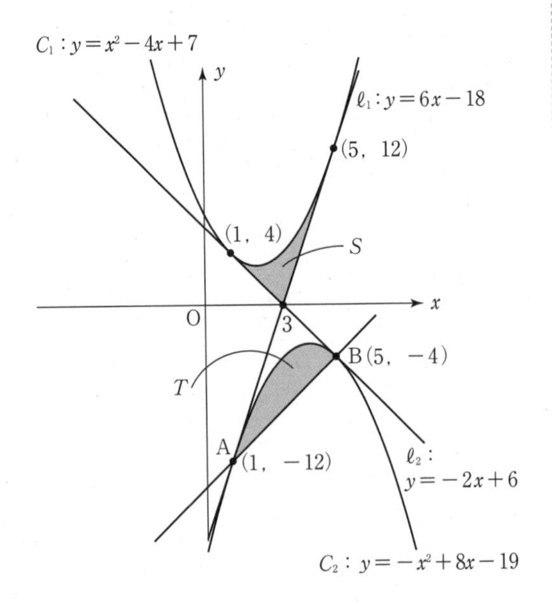

ℓ_1 と ℓ_2 の交点の座標は（ ク 3 ， ケ 0 ）であるから，

▶連立方程式 $\begin{cases} y=6x-18 \\ y=-2x+6 \end{cases}$ の解

$$S=\int_1^3 \{(x^2-4x+7)-(-2x+6)\}\,dx+\int_3^5 \{(x^2-4x+7)-(6x-18)\}\,dx$$

$$=\int_1^3 (x-1)^2dx+\int_3^5 (x-5)^2dx$$

$$=\left[\frac{1}{3}(x-1)^3\right]_1^3+\left[\frac{1}{3}(x-5)^3\right]_3^5$$

▶ $\int (x-\alpha)^2dx=\frac{1}{3}(x-\alpha)^3+C$

$$=\frac{8}{3}+\frac{8}{3}$$

$$=\frac{\boxed{コサ\ 16}}{\boxed{シ\ 3}}$$

(3)　直線 AB の方程式は

$$y=\frac{-4-(-12)}{5-1}(x-1)-12$$
$$=2x-14$$

これより，

$$T=\int_1^5\{(-x^2+8x-19)-(2x-14)\}\,dx$$
$$=-\int_1^5(x-1)(x-5)\,dx$$
$$=\frac{1}{6}(5-1)^3$$
$$=\frac{32}{3}$$

したがって，

$$\frac{S}{T}=\frac{\frac{16}{3}}{\frac{32}{3}}=\frac{\boxed{ス\ 1}}{\boxed{セ\ 2}}$$

▶異なる２点$(a_1,\ b_1)$，$(a_2,\ b_2)$を通る直線の方程式は
$a_1 \neq a_2$ のとき
$$y-b_1=\frac{b_2-b_1}{a_2-a_1}(x-a_1)$$

▶ $$\int_\alpha^\beta (x-\alpha)(x-\beta)\,dx=-\frac{1}{6}(\beta-\alpha)^3$$

〔２〕【図形と方程式，三角関数】

ねらい

・$\sin\theta$ と $\cos\theta$ の２次同次式を変形できるか
・２円の外接条件を使えるか
・三角方程式を解けるか

解説

(1)　$I_1(0,\ 0)$，$I_2(\sqrt{3}\sin\theta+2\cos\theta,\ \sqrt{13}\sin\theta)$ であるから

$$I_1I_2{}^2=(\sqrt{3}\sin\theta+2\cos\theta)^2+13\sin^2\theta$$
$$=\boxed{ソタ\ 16}\sin^2\theta+\boxed{チ\ 4}\sqrt{\boxed{ツ\ 3}}\sin\theta\cos\theta+\boxed{テ\ 4}\cos^2\theta$$
$$=16\cdot\frac{1-\cos2\theta}{2}+4\sqrt{3}\cdot\frac{1}{2}\sin2\theta+4\cdot\frac{1+\cos2\theta}{2}$$

▶ $$\begin{cases}\sin\theta\cos\theta=\dfrac{\sin2\theta}{2}\\ \sin^2\theta=\dfrac{1-\cos2\theta}{2}\\ \cos^2\theta=\dfrac{1+\cos2\theta}{2}\end{cases}$$

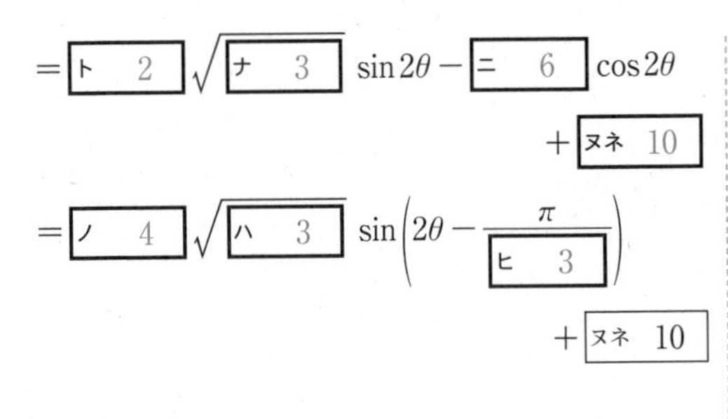

$$=\boxed{\text{ト}\ 2}\sqrt{\boxed{\text{ナ}\ 3}}\sin 2\theta-\boxed{\text{ニ}\ 6}\cos 2\theta+\boxed{\text{ヌネ}\ 10}$$

$$=\boxed{\text{ノ}\ 4}\sqrt{\boxed{\text{ハ}\ 3}}\sin\left(2\theta-\frac{\pi}{\boxed{\text{ヒ}\ 3}}\right)+\boxed{\text{ヌネ}\ 10}$$

▶三角関数の合成

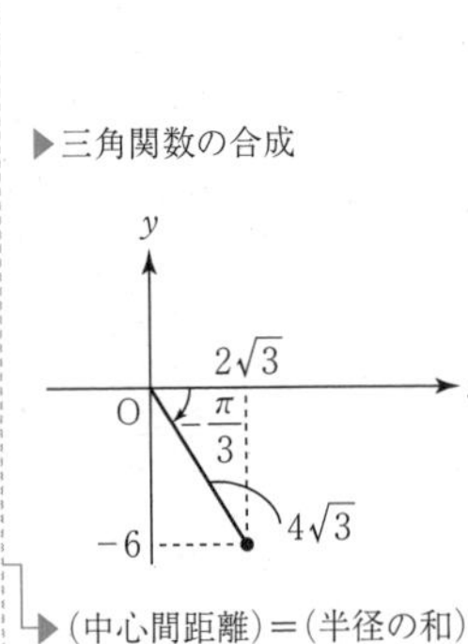

(2)　円 C_1 と C_2 が外接するとき，

$$I_1I_2=\boxed{\text{フ}\ 4}$$

であるから

▶(中心間距離)＝(半径の和)

$$4\sqrt{3}\sin\left(2\theta-\frac{\pi}{3}\right)+10=16$$

$$\sin\left(2\theta-\frac{\pi}{3}\right)=\frac{\sqrt{3}}{2}$$

$0<\theta<\frac{\pi}{2}$ より，$-\frac{\pi}{3}<2\theta-\frac{\pi}{3}<\frac{2}{3}\pi$ であるから，

$$2\theta-\frac{\pi}{3}=\frac{\pi}{3}$$

$$\therefore\quad \theta=\frac{\pi}{\boxed{\text{ヘ}\ 3}}$$

□ 第4問【数列】

ねらい

- 誘導の意味を理解しているか
- 等比数列の一般項と和を求めることができるか
- 誘導に従って与えられた漸化式を変形できるか

解説

$$a_1=-2,\ a_{n+1}=3a_n+4n+8\quad\cdots\cdots①$$

(1)　$$a_{n+1}+s(n+1)+t=3(a_n+sn+t)\quad\cdots\cdots②$$

②より，

$$a_{n+1}+s(n+1)+t=3a_n+3sn+3t$$

$$\therefore\quad a_{n+1}=3a_n+2sn+2t-s$$

これが①と一致するので，

$2s=4,\ 2t-s=8$

$\therefore\quad s=$ [ア 2]，$t=$ [イ 5]

▶係数を比較

②より，数列 $\{a_n+sn+t\}$ は，初項 a_1+s+t，公比3の等比数列であるから，

▶初項 $a_1+s+t=5$

$a_n+2n+5=5\cdot 3^{n-1}$

▶初項 a，公比 r の等比数列 $\{a_n\}$ の一般項は $a_n=ar^{n-1}$

$\therefore\quad a_n=$ [ウ 5]・[エ 3]$^{n-1}-$[オ 2]$n-$[カ 5]

(2) $a_{n+2}=3a_{n+1}+4(n+1)+8$ ……③

▶①の n を $n+1$ に置き換えた

③−①より，

$a_{n+2}-a_{n+1}=3(a_{n+1}-a_n)+$ [キ 4] ……④

となる。ここで，$b_n=a_{n+1}-a_n$ とおくと，④は

$b_{n+1}=3b_n+4$

▶$b_{n+1}=a_{n+2}-a_{n+1}$

$\therefore\quad b_{n+1}+2=3(b_n+2)$

数列 $\{b_n+2\}$ は，初項 b_1+2，公比3の等比数列であるから

$b_n+2=(b_1+2)\cdot 3^{n-1}$

$b_n=(b_1+$[ク 2]$)\cdot$[ケ 3]$^{n-1}-$[ク 2]

$=10\cdot 3^{n-1}-2$ ……(＊)

▶$b_1=a_2-a_1$
$=6-(-2)$
$=8$

したがって，$n\geqq 2$ のとき

$a_n=a_1+\sum_{k=1}^{n-1}b_k$

$=a_1+\sum_{k=1}^{n-1}($[コサ 10]・[ケ 3]$^{k-1}-$[ク 2]$)$

▶初項 a，公比 $r(\neq 1)$，項数 n の等比数列の和 S_n は
$S_n=\dfrac{a(r^n-1)}{r-1}$

$=-2+\dfrac{10(3^{n-1}-1)}{3-1}-2(n-1)$

$=$[ウ 5]・[エ 3]$^{n-1}-$[オ 2]$n-$[カ 5]

これは $n=1$ のときも成り立つ。

◆ Point

(＊)以降は次のようにしても解ける。

$$\begin{cases} a_{n+1}-a_n=10\cdot 3^{n-1}-2 & \cdots\cdots(*)' \\ a_{n+1}-3a_n=4n+8 & \cdots\cdots①' \end{cases}$$

▶ $(*)$ に $b_n=a_{n+1}-a_n$ を代入
▶ ①を変形したもの

$(*)'-①'$ より，

$$2a_n=10\cdot 3^{n-1}-4n-10$$

$$\therefore\quad a_n=5\cdot 3^{n-1}-2n-5$$

(3) $p_1=\sqrt[4]{3}$，$p_{n+1}=(S_n+1){p_n}^2$ ……⑤

$$c_n=\boxed{シ\ 2}\cdot\boxed{ス\ 3}^{n-1}$$

$$S_n=\frac{2(3^n-1)}{3-1}=\boxed{セ\ 3}^{n}-\boxed{ソ\ 1}$$

このとき，⑤は

$$p_{n+1}=3^n\cdot {p_n}^2 \quad\cdots\cdots⑥$$

となる。これより，

$$p_2=3(\sqrt[4]{3})^2=\boxed{タ\ 3}\sqrt{\boxed{チ\ 3}}$$

$$p_3=3^2(3\sqrt{3})^2=\boxed{ツテト\ 243}$$

$p_n>0$ であるから，$q_n=\log_3 p_n$ とおくと，⑥より，

$$\log_3 p_{n+1}=\log_3(3^n\cdot {p_n}^2)$$
$$=n+2\log_3 p_n$$

$$\therefore\quad \boxed{ナ\ q_{n+1}=2q_n+n} \quad\cdots\cdots⑦$$

(…… $\boxed{ナ\ ④}$)

⑦を

$$q_{n+1}+s(n+1)+t=2(q_n+sn+t) \quad\cdots\cdots⑧$$

と変形することを考える。

⑧を展開し整理すると

▶太郎さんの解法を用いた

$$q_{n+1}=2q_n+sn+t-s$$

これが⑦と一致するので

$$s=1,\ t-s=0$$

$$\therefore\quad s=t=1$$

これと⑧より，

数列 $\{q_n+n+1\}$ は，初項 $q_1+2\left(=\dfrac{9}{4}\right)$，公比2の等比数列であるから，

▶ $q_1=\log_3 p_1=\dfrac{1}{4}$

$$q_n+n+1=\frac{9}{4}\cdot 2^{n-1}$$

$$\therefore\quad q_n=\frac{\boxed{ニ\ 9}}{\boxed{ヌ\ 8}}\cdot\boxed{ネ\ 2}^{n}-n-\boxed{ノ\ 1}$$

したがって，

$$p_n=3^{q_n}=3^{\frac{\boxed{ニ\ 9}}{\boxed{ヌ\ 8}}\cdot\boxed{ネ\ 2}^{n}-n-\boxed{ノ\ 1}}$$

□第５問【確率分布と統計的な推測】

ねらい

・仮説検定（片側検定）の考え方を理解しているか

・二項分布の平均，標準偏差を求めることができるか

・正規分布を標準化して標準正規分布にできるか

解説

(1) 開館時間を40分間延長したときの利用率をpとする。対立仮説「利用率は上がった（$p>0.6$）が正しいかどうか」を判断するために帰無仮説「利用率は上がらなかった（p $\boxed{ア\ =}$ 0.6)」を考える。（…… $\boxed{ア\ ①}$）

▶片側検定である

帰無仮説が正しいとすると，生徒150人のうち図書館を利用する生徒数Xは，二項分布 $\boxed{イ\ B(150,\ 0.6)}$ に従う。（…… $\boxed{イ\ ①}$）

したがって，Xの平均m，標準偏差σは

$$m=150\times 0.6=\boxed{ウエ\ 90}$$

$$\sigma=\sqrt{150\times 0.6\times 0.4}=\boxed{オ\ 6}$$

▶確率変数Xが二項分布$B(n,\ p)$に従うとき，Xの平均，標準偏差はそれぞれ
$E(X)=np$
$\sigma(X)=\sqrt{np(1-p)}$

(2) 標本の大きさ150は十分大きいと考えられるから，

$$Z=\frac{X-\boxed{カキ\ 90}}{\boxed{ク\ 6}}$$

は近似的に標準正規分布 $N\left(\boxed{ケ\ 0},\ \boxed{コ\ 1}\right)$ に従う。

$$P\left(Z \leqq \boxed{サ\ 1.64}\right) \fallingdotseq 0.95 \qquad (\cdots\cdots \boxed{サ\ ⓪})$$

▶ $p(\boxed{サ}) = 0.45$ となる値を正規分布表から調べる

であるから，有意水準5％の棄却域は $Z \geqq \boxed{サ\ 1.64}$。
$X = 94$ のとき，

$$Z = \frac{94-90}{6} = \frac{\boxed{シ\ 2}}{\boxed{ス\ 3}} \fallingdotseq 0.67$$

であり，この値は棄却域に入らないから，帰無仮説は $\boxed{セ\ 棄却されない}$。したがって，$\boxed{ソ\ 利用率は上がったとは判断できない}$。

□ 第6問【ベクトル】

ねらい

・線分上の点を媒介変数表示できるか
・動点が2つある場合の処理ができるか
・平面に関する対称点を求め，その数学的意味を理解しているか

解説

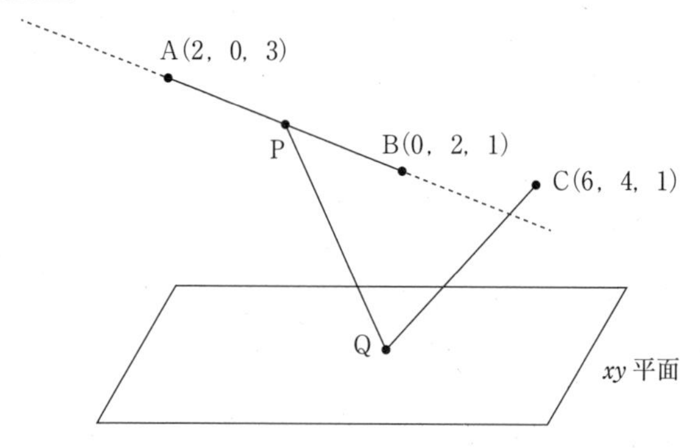

(1)　線分 AB 上の点 P は

$$\overrightarrow{AP}=t\overrightarrow{AB}\quad(0\leqq t\leqq 1)$$

と表せるので

$$\overrightarrow{OP}-\overrightarrow{OA}=t(\overrightarrow{OB}-\overrightarrow{OA})$$

$$\therefore\quad \overrightarrow{OP}=(1-t)\overrightarrow{OA}+t\overrightarrow{OB}$$

$$=(1-t)(2,\ 0,\ 3)+t(0,\ 2,\ 1)$$

$$=(2-2t,\ 2t,\ 3-2t)$$

よって，点 P の座標は

P(ア 2 − イ 2 t, ウ 2 t, エ 3 − オ 2 t)

点 C と xy 平面に関して対称な点 C′ の座標は

カ (6, 4, −1)　　(…… カ ⑤)

▶z 座標の符号を変える

xy 平面上の任意の点 Q に対し，CQ＝C′Q であるから

$$PQ+QC=PQ+QC'$$

であり，$0\leqq t\leqq 1$ のとき，点 P と点 C′ は xy 平面に関して反対側の領域にあるので，

▶点 P は領域 $z>0$，点 C′ は領域 $z<0$ にある

PQ＋QC(＝PQ＋QC′)は点 Q が キ 直線 PC′ と xy 平面との交点 のとき最小となる。　　(…… キ ⑦)

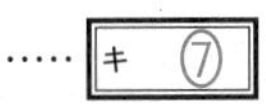

▶折れ線の長さ PQ＋QC′ は 3 点 P，Q，C′ が一直線上のとき最小

P
Q
Q_{Min}(＝E)
Q
xy 平面
C′

(2)　　PQ＋QC ク ≧ PE＋EC　　(…… ク ②)

であり，(1)より

$PE+EC=PE+EC'=$ ケ PC′ （……ケ ④）

であるから，PQ＋QC の最小値を求めるには，固定した t を動かし，ケ PC′ の最小値を求めればよい。

▶3点P，E，C′ は一直線上なので PE＋EC′＝PC′

ここで，

$$\text{PC}'^2=(4+2t)^2+(4-2t)^2+(-4+2t)^2$$
$$=12t^2-\boxed{\text{コサ }16}\,t+\boxed{\text{シス }48}$$
$$=12\left(t-\frac{\boxed{\text{セ }2}}{\boxed{\text{ソ }3}}\right)^2+\frac{\boxed{\text{タチツ }128}}{\boxed{\text{テ }3}}$$

……①

▶P$(2-2t,\ 2t,\ 3-2t)$ C′$(6,\ 4,\ -1)$より

より，PQ＋QC の最小値は

$$\sqrt{\frac{128}{3}}=\frac{\boxed{\text{ト }8}\sqrt{\boxed{\text{ナ }6}}}{\boxed{\text{ニ }3}}$$

▶①の $0\leqq t\leqq 1$ における最小値を考える

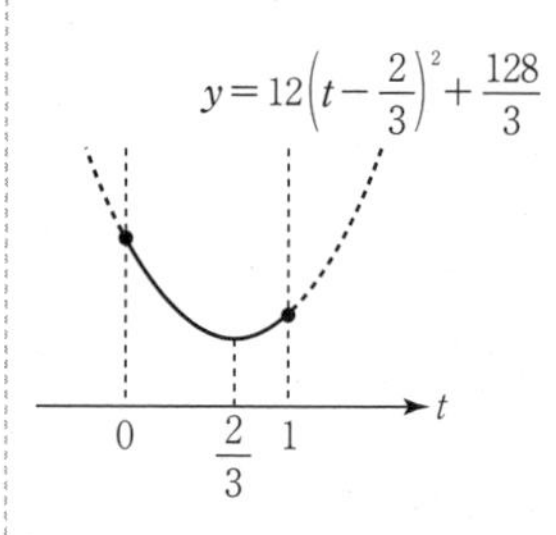

(3) $t=\frac{\boxed{\text{セ }2}}{\boxed{\text{ソ }3}}$ のとき，PQ＋QC は最小となり，そのときの点 P の座標は

P ヌ $\left(\frac{2}{3},\ \frac{4}{3},\ \frac{5}{3}\right)$ （……ヌ ①）

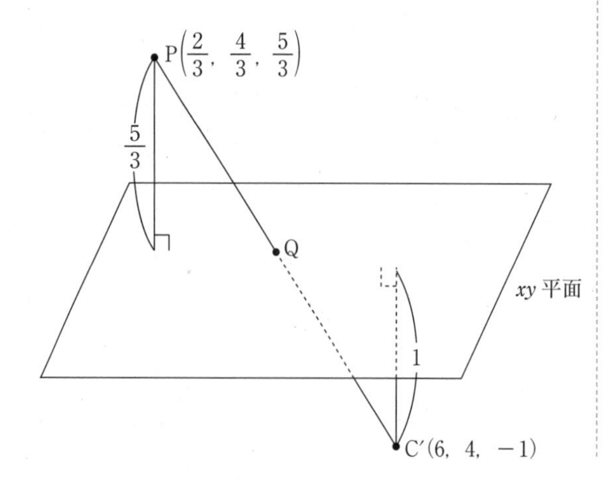

PQ＋QC が最小となるときの点 Q の位置を考える。
このとき，

$$PQ : QC' = \frac{5}{3} : 1$$
$$= 5 : 3$$

であるから，Q は線分 PC′ を [ネ 5]：[ノ 3] に内分する点である。

▶|点Pの z 座標|:|点C′の z 座標|

$$\overrightarrow{OQ} = \frac{3}{8}\overrightarrow{OP} + \frac{5}{8}\overrightarrow{OC'}$$
$$= \frac{3}{8}\left(\frac{2}{3},\ \frac{4}{3},\ \frac{5}{3}\right) + \frac{5}{8}(6,\ 4,\ -1)$$
$$= (4,\ 3,\ 0)$$

▶内分点の公式

であるから，点 Q の座標は

Q([ハ 4]，[ヒ 3]，[フ 0])

□第７問【複素数平面】

ねらい

・複素数の偏角，絶対値を求めることができるか
・条件を満たす点 z の軌跡を求めることができるか
・円上の動点と定点の距離の最大値を求めることができるか

解説

(1) $\alpha = -3 + \sqrt{3}i$，$\beta = 2 + 2\sqrt{3}i$ より，

$$\arg \alpha = \frac{[ア\ 5]}{[イ\ 6]}\pi,\quad \arg \beta = \frac{[ウ\ 1]}{[エ\ 3]}\pi$$

▶

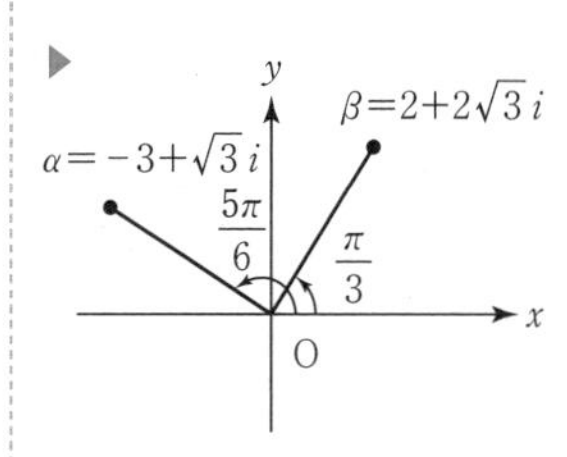

また，

$$\alpha - \beta = (-3 + \sqrt{3}i) - (2 + 2\sqrt{3}i)$$
$$= -5 - \sqrt{3}i$$

より，

$$|\alpha - \beta| = \sqrt{(-5)^2 + (-\sqrt{3})^2}$$
$$= [オ\ 2]\sqrt{[カ\ 7]}$$

▶複素数 $z = a + bi$（a，b は実数）のとき，$|z| = \sqrt{a^2 + b^2}$

(2) $\arg\dfrac{z-\beta}{z-\alpha}=\dfrac{\pi}{2}$より，点$z$を中心とするとき，点$\alpha$から点$\beta$までの回転角は$\dfrac{\pi}{2}$である。

よって，点zが描く図形は下図のように2点α，βを直径とする円の一部分となる。

▶A(α), B(β), C(γ)とするとき，
$\left|\arg\dfrac{\gamma-\alpha}{\beta-\alpha}\right|=\angle\text{CAB}$
(ただし，$-\pi<\arg\dfrac{\gamma-\alpha}{\beta-\alpha}<\pi$)
$\left|\dfrac{\gamma-\alpha}{\beta-\alpha}\right|=\dfrac{\text{AC}}{\text{AB}}$

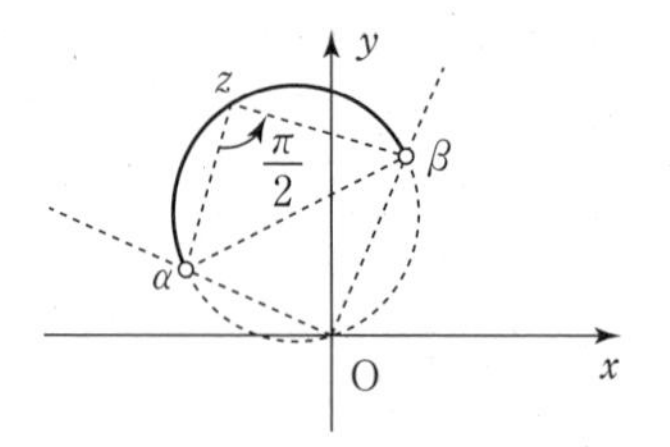

この円の中心は

$$\frac{\alpha+\beta}{2}=\frac{(-3+\sqrt{3}i)+(2+2\sqrt{3}i)}{2}=-\frac{1}{2}+\frac{3\sqrt{3}}{2}i$$

▶中心は，α，βの中点

であり，半径は

$$\frac{1}{2}|\alpha-\beta|=\sqrt{7}$$

▶直径$|\alpha-\beta|$の$\dfrac{1}{2}$倍が半径

であるから，点zが描く図形は，等式

▶中心α，半径rの円の方程式は
$|z-\alpha|=r$

キ $\left|z+\dfrac{1}{2}-\dfrac{3\sqrt{3}}{2}i\right|=\sqrt{7}$　　(…… キ ⑦)

で表される円のうち，$\dfrac{\boxed{ク\ 1}}{\boxed{ケ\ 3}}\pi<\arg z<\dfrac{\boxed{コ\ 5}}{\boxed{サ\ 6}}\pi$

を満たす部分。

(3)

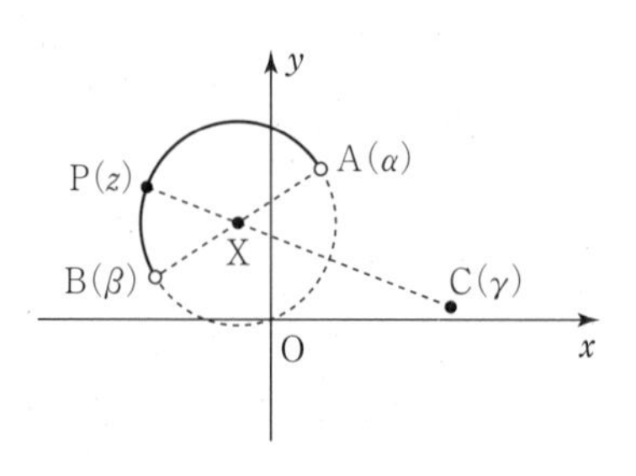

ABを直径とする円と直線CXの2つの交点のうち，Cから遠い方に点Pがあるとき，$|z-\gamma|$は最大になる(この点P(z)は$\arg\dfrac{z-\beta}{z-\alpha}=\dfrac{\pi}{2}$を満たす)。

これより，

$$(|z-\gamma|\text{の最大値})=\mathrm{CX}+\mathrm{XP}$$
$$=\mathrm{CX}+\sqrt{7}$$

▶XPは円の半径より，$\sqrt{7}$

であり，点Xを表す複素数をδとすると

$$\delta=-\frac{1}{2}+\frac{3\sqrt{3}}{2}i$$

であるから，

$$\delta-\gamma=\left(-\frac{1}{2}+\frac{3\sqrt{3}}{2}i\right)-\left(\frac{9}{2}+\frac{\sqrt{3}}{2}i\right)$$
$$=-5+\sqrt{3}i$$
$$\therefore\quad \mathrm{CX}=|\delta-\gamma|=\sqrt{(-5)^2+(\sqrt{3})^2}=2\sqrt{7}$$

よって，$|z-\gamma|$の最大値は

$$\mathrm{CX}+\sqrt{7}=2\sqrt{7}+\sqrt{7}=\boxed{シ\ 3}\sqrt{\boxed{ス\ 7}}$$

また，このときの点Pは線分CXを $\boxed{セ\ 3}:\boxed{ソ\ 1}$ に外分する点だから，

▶$\mathrm{CP}=3\sqrt{7}$，$\mathrm{XP}=\sqrt{7}$より，$\mathrm{CP}:\mathrm{XP}=3:1$

$$z=\frac{-\gamma+3\delta}{2}$$
$$=\frac{-\left(\frac{9}{2}+\frac{\sqrt{3}}{2}i\right)+3\left(-\frac{1}{2}+\frac{3\sqrt{3}}{2}i\right)}{2}$$
$$=\boxed{タチ\ -3}+\boxed{ツ\ 2}\sqrt{\boxed{テ\ 3}}\,i$$

▶2点α，βを$m:n$に外分する点を表す複素数($m\neq n$)は，$\dfrac{-n\alpha+m\beta}{m-n}$

MEMO

解答解説　第5回

問題番号(配点)	解答番号	正解	配点	自己採点
第1問(必答問題)(15)	ア	③	2	
	イ	2	1	
	ウ エ	2 1	2	
	オカ キク	14 24	2	
	ケ	9	2	
	コ	2	2	
	サ シ	1 2	2	
	ス セ	3 4	2	
	小計（15点）			
第2問(必答問題)(15)	ア	②	1	
	イ	③	1	
	ウ	⑤	2	
	エ	⑨	2	
	オ カ	3 1	3	
	キ	6	2	
	ク ケ	3 2	1	
	コサ シ	12 4	3	
	小計（15点）			
第3問(必答問題)(22)	ア イ ウエ オ カ	1 2 −1 2 3	3	
	キ	⑦	1	
	ク	⑤	3	
	ケコ サ シス	−3 2 12	3	
	セ	⑤	1	
	ソ	①	1	
	タチ ツ	−1 3	3	
	テ	3	2	
	ト	1	2	
	ナ ニ	1 3	3	
	小計（22点）			
第4問(選択問題)(16)	ア イ	1 2	1	
	ウ エ	1 2	1	
	オ カ	5 8	1	
	キ ク ケ コ	1 2 1 4	2	
	サ シ ス セ	1 8 1 2	2	
	ソ タ	4 7	2	
	チ ツテ	1 14	2	
	トナ ニヌ	16 49	2	
	ネ	①	1	
	ノハ ヒ	12 7	2	
	小計（16点）			
第5問(選択問題)(16)	ア	②	1	
	イ	①	1	
	ウ エ	3 1	2	
	オ カキ	0 09	2	
	クケコ	023	2	
	サ	2	1	
	シ	①	2	
	スセ	12	2	
	ソタ	28	2	
	チ	②	1	
	小計（16点）			
第6問(選択問題)(16)	アイ	20	1	
	ウ	3	1	
	エ	2	2	
	オ	①	2	
	カ キク ケコ サシ	2 15 11 24	2	
	スセ ソタ チツ	11 15 12	2	
	テ	2	1	
	ト	1	1	
	ナ	3	2	
	ニヌ ネノ ハ ヒフ	15 31 6 31	2	
	小計（16点）			
第7問(選択問題)(16)	ア イ	⓪ ③	1	
	ウ	③	1	
	エオ	12	2	
	カ キ ク ケ コ	2 2 3 2 2	2	
	サ	3	1	
	シ スセ	4 16	1	
	ソ タ チ	4 2 3	1	
	ツ	4	3	
	テ ト ナ	4 1 3	2	
	ニヌネノ	4096	2	
	小計（16点）			
合計（100点満点）				

第5回 実戦問題

□ 第1問【指数関数と対数関数】

ねらい

・底の変換公式を正しく使えるか

・対数の定義を理解しているか

・指数方程式を2次方程式に直すことができるか

解説

$$\begin{cases} \log_2(x+2)-2\log_4(y+3)=-1 & \cdots\cdots① \\ \left(\dfrac{1}{3}\right)^y-14\left(\dfrac{1}{3}\right)^{x+1}+8=0 & \cdots\cdots② \end{cases}$$

真数条件より，

$$x+2>0,\ y+3>0$$

$$\therefore\ \boxed{ア\ x>-2,\ y>-3}\ \cdots\cdots③ \quad (\cdots\cdots\ \boxed{ア\ ③})$$

底の変換公式より，

$$\log_4(y+3)=\frac{\log_2(y+3)}{\log_2 4}=\frac{\log_2(y+3)}{\boxed{イ\ 2}}$$

▶ $\log_a b=\dfrac{\log_c b}{\log_c a}$

であるから，①は

$$\log_2(x+2)-2\cdot\frac{\log_2(y+3)}{2}=-1$$

$$\log_2(x+2)+1=\log_2(y+3)$$

$$\log_2 2(x+2)=\log_2(y+3)$$

$$2(x+2)=y+3$$

$$\therefore\ y=\boxed{ウ\ 2}x+\boxed{エ\ 1}\ \cdots\cdots④$$

これを②に代入し，$t=\left(\dfrac{1}{3}\right)^x$ ……⑤とおくと，

$$\left(\frac{1}{3}\right)^{2x+1}-14\left(\frac{1}{3}\right)^{x+1}+8=0$$

$$\frac{1}{3}t^2-\frac{14}{3}t+8=0$$

$$t^2-\boxed{オカ\ 14}t+\boxed{キク\ 24}=0\ \cdots\cdots⑥$$

$$\therefore\ (t-2)(t-12)=0$$

▶ $\left(\dfrac{1}{3}\right)^{2x+1}=\left(\dfrac{1}{3}\right)\left\{\left(\dfrac{1}{3}\right)^x\right\}^2=\dfrac{1}{3}t^2$

$\left(\dfrac{1}{3}\right)^{x+1}=\left(\dfrac{1}{3}\right)\left(\dfrac{1}{3}\right)^x=\dfrac{1}{3}t$

③，⑤より，

$0<t<$ ケ 9

であるから，

$t=$ コ 2

これより，

$x=\log_3\dfrac{\text{サ } 1}{\text{シ } 2}$

④に代入して

$y=2\log_3\dfrac{1}{2}+1$

$=\log_3\dfrac{\text{ス } 3}{\text{セ } 4}$

▶$x>-2$のとき
$t=\left(\dfrac{1}{3}\right)^x<\left(\dfrac{1}{3}\right)^{-2}=9$

▶$t=12$は不適

▶$\left(\dfrac{1}{3}\right)^x=2$より
$3^{-x}=2$
$-x=\log_3 2$
$\therefore\quad x=\log_3\dfrac{1}{2}$

□第2問【三角関数】

ねらい

・$\sin\theta$，$\cos\theta$を用いて，図形中にある線分の長さを求めることができるか
・三角関数の合成公式を正しく使うことができるか
・三角不等式を解くことができるか

解説

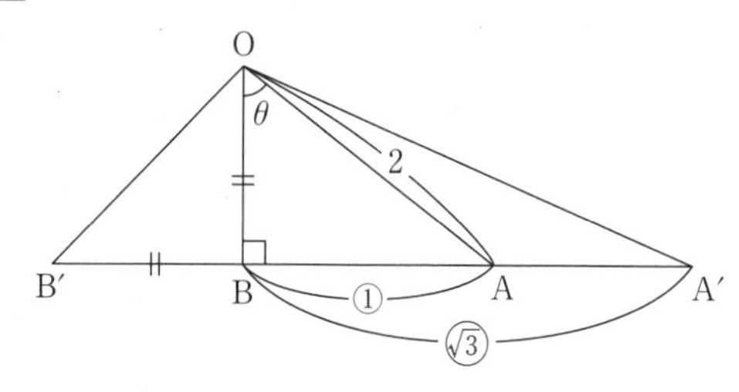

△OABは直角三角形であるから

AB＝ ア $2\sin\theta$ ，OB＝ イ $2\cos\theta$

（…… ア ② イ ③ ）

よって，

▶
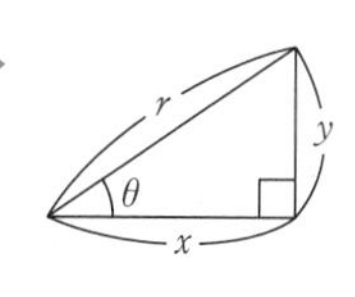

$y=r\sin\theta$，$x=r\cos\theta$

$$\triangle \mathrm{OA'B} = \frac{1}{2} \times \mathrm{OB} \times \mathrm{A'B}$$
$$= \frac{1}{2} \times 2\cos\theta \times 2\sqrt{3}\sin\theta$$
$$= \boxed{\text{ウ}\ 2\sqrt{3}\sin\theta\cos\theta} \qquad (\cdots\cdots \boxed{\text{ウ}\ ⑤})$$

$$\triangle \mathrm{OB'B} = \frac{1}{2} \times \mathrm{OB}^2$$
$$= \frac{1}{2} \times (2\cos\theta)^2$$
$$= \boxed{\text{エ}\ 2\cos^2\theta} \qquad (\cdots\cdots \boxed{\text{エ}\ ⑨})$$

であるから，

$$f(\theta) = \triangle \mathrm{OA'B} + \triangle \mathrm{OB'B}$$
$$= \boxed{\text{ウ}\ 2\sqrt{3}\sin\theta\cos\theta} + \boxed{\text{エ}\ 2\cos^2\theta}$$
$$= \sqrt{3}\sin 2\theta + 2\cdot\frac{1+\cos 2\theta}{2}$$
$$= \sqrt{\boxed{\text{オ}\ 3}}\sin 2\theta + \cos 2\theta + \boxed{\text{カ}\ 1}$$
$$= 2\sin\left(2\theta + \frac{\pi}{6}\right) + 1$$

▶2倍角の公式
$\sin 2\theta = 2\sin\theta\cos\theta$
半角の公式
$\cos^2\theta = \dfrac{1+\cos 2\theta}{2}$

▶三角関数の合成

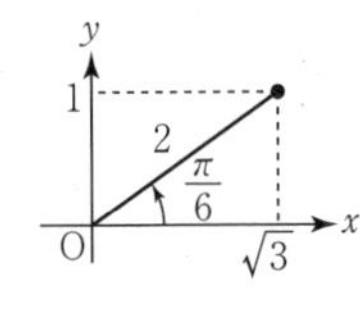

$\sqrt{3}\sin 2\theta + \cos 2\theta$
$= 2\sin\left(2\theta + \dfrac{\pi}{6}\right)$

したがって，不等式①は

$$2\sin\left(2\theta + \frac{\pi}{6}\right) + 1 < \sqrt{3} + 1$$

$$\sin\left(2\theta + \frac{\pi}{\boxed{\text{キ}\ 6}}\right) < \frac{\sqrt{\boxed{\text{ク}\ 3}}}{\boxed{\text{ケ}\ 2}} \quad \cdots\cdots②$$

これより，$0 < \theta < \dfrac{\pi}{2}$ の範囲で不等式②を解くと

$$\frac{\pi}{6} < 2\theta + \frac{\pi}{6} < \frac{\pi}{3},\ \frac{2}{3}\pi < 2\theta + \frac{\pi}{6} < \frac{7}{6}\pi$$

$$\therefore\ 0 < \theta < \frac{\pi}{\boxed{\text{コサ}\ 12}},\ \frac{\pi}{\boxed{\text{シ}\ 4}} < \theta < \frac{\pi}{2}$$

▶$\dfrac{\pi}{6} < 2\theta + \dfrac{\pi}{6} < \dfrac{7}{6}\pi$ に注意する

□第3問【微分と積分】

ねらい

・面積と定積分の関係を理解しているか
・方程式の実数解の個数をグラフの共有点として処理できるか
・3次方程式の解のとりうる範囲をグラフから読み取れるか

解説

〔1〕

(1) $f(x)=ax^2+bx+c$ のとき，$f'(x)=2ax+b$ である。

$$f(1)=\frac{1}{6},\ f'(1)=0$$

より，

$$\begin{cases} a+b+c=\dfrac{1}{6} & \cdots\cdots① \\ 2a+b=0 & \cdots\cdots② \end{cases}$$

また，

$$\int_0^1 f(x)\,dx=\frac{1}{3}$$

より，

$$\int_0^1 (ax^2+bx+c)\,dx=\frac{1}{3}$$

$$\left[\frac{1}{3}ax^3+\frac{1}{2}bx^2+cx\right]_0^1=\frac{1}{3}$$

$$\frac{1}{3}a+\frac{1}{2}b+c=\frac{1}{3}\quad\cdots\cdots③$$

①，②，③より，

$$a=\frac{\boxed{ア\ 1}}{\boxed{イ\ 2}},\quad b=\boxed{ウエ\ -1},\quad c=\frac{\boxed{オ\ 2}}{\boxed{カ\ 3}}$$

▶②より，$b=-2a$
これを①に代入して，
$c=-a-b+\dfrac{1}{6}$
$=a+\dfrac{1}{6}$
これらを③に代入すればよい

(2)

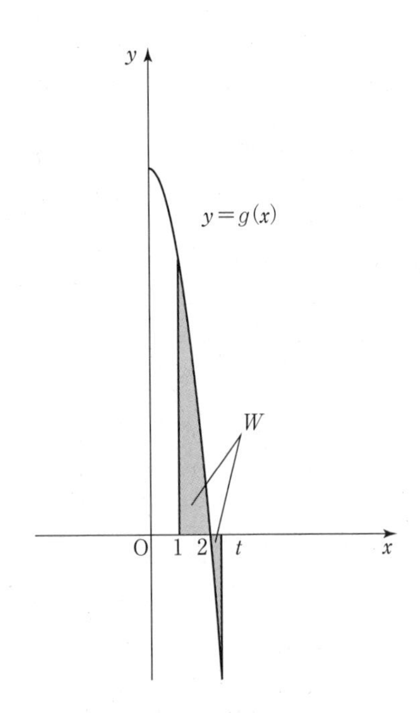

$G(x)$ は $g(x)$ の原始関数であるから，

$G'(x)=$ キ $g(x)$ （……キ ⑦）

一方，

$$W=\int_1^2 g(x)\,dx+\int_2^t \{-g(x)\}\,dx$$
$$=[G(x)]_1^2-[G(x)]_2^t$$
$$=\{G(2)-G(1)\}-\{G(t)-G(2)\}$$
$$= \text{ク } -G(t)-G(1)+2G(2) \quad \cdots\cdots ④$$

（……ク ⑤）

よって，$t>2$ において，$W=t^3-12t+21$ と表されるとき，

$$g(t)=-\frac{dW}{dt}=-(3t^2-12)$$

したがって，

▶④より，
$\frac{dW}{dt}=-G'(t)=-g(t)$
$\therefore \quad g(t)=-\frac{dW}{dt}$

$g(x) =$ ケコ -3 $x^{\text{サ } 2}$ $+$ シス 12

▶このとき，
$\begin{cases} 0 \leqq x \leqq 2 \text{ のとき } g(x) \geqq 0 \\ 2 \leqq x \text{ のとき } g(x) \leqq 0 \end{cases}$
であり，$t > 2$ において
$W = -G(t) - G(1) + 2G(2)$
を満たす

〔２〕

(1)　３次方程式 $f(x) = 0$ が異なる３個の実数解をもつので，

$y = f(x)$ のグラフは セ ⑤ である。

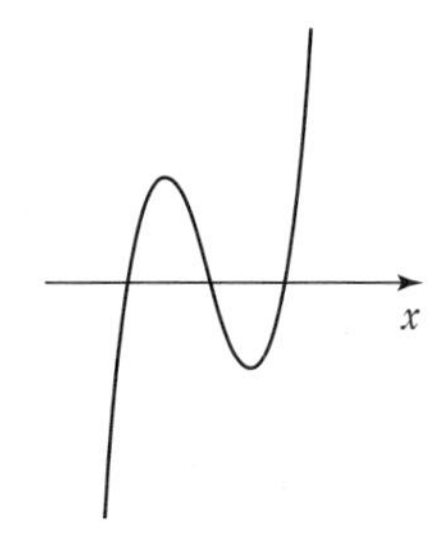

また，

$f(x) = x^3 - 6x^2 + 9x + k - 3$

のとき，

$f'(x) = 3x^2 - 12x + 9$

$= 3(x-1)(x-3)$

であるから，$y = f'(x)$ のグラフは ソ ① である。

▶$y = f(x)$ のグラフより，方程式 $f'(x) = 0$ は異なる２個の実数解をもつとわかる。これより，$y = f(x)$ のグラフは①としてもよい

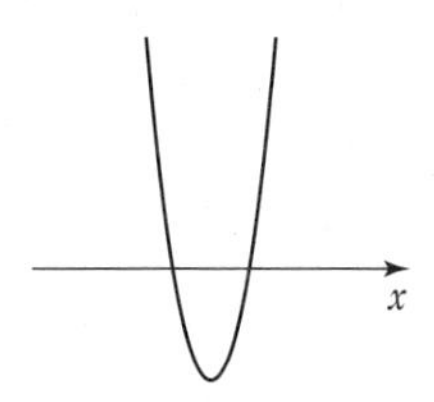

(2)　$y = -x^3 + 6x^2 - 9x + 3$ のとき，

$y' = -3x^2 + 12x - 9$

$= -3(x-1)(x-3)$

より，増減表は次のようになる。

x	$\cdots$	1	$\cdots$	3	$\cdots$
y'	$-$	0	$+$	0	$-$
y	↘	-1	↗	3	↘

３次方程式 $f(x)=0$ の実数解の個数は，C と ℓ の共有点の個数に一致するので，$f(x)=0$ が３個の実数解をもつとき，k の値の範囲は，

[タチ -1] $< k <$ [ツ 3]

▶k の値は極大値と極小値の間であればよい

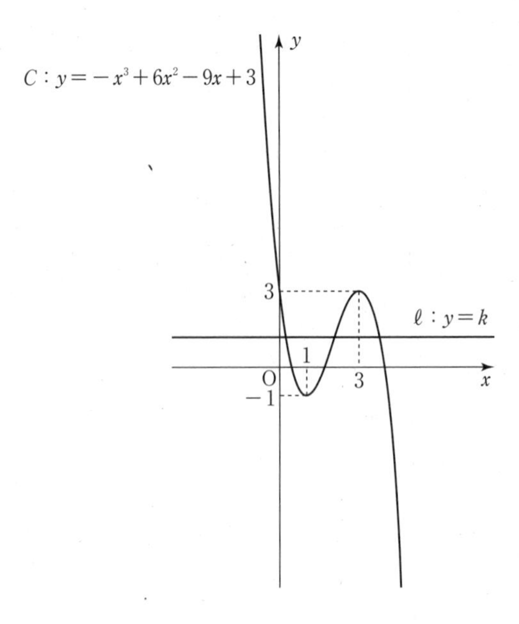

(3) また，$k=$ [ツ 3] のとき，C と ℓ は $x=$ [テ 3] で接し，$k=$ [タチ -1] のとき，C と ℓ は $x=$ [ト 1] で接する。

これより，β のとりうる値の範囲は

[ナ 1] $< \beta <$ [ニ 3]

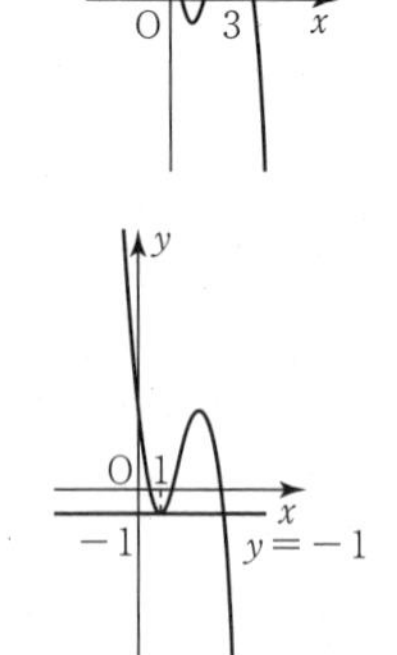

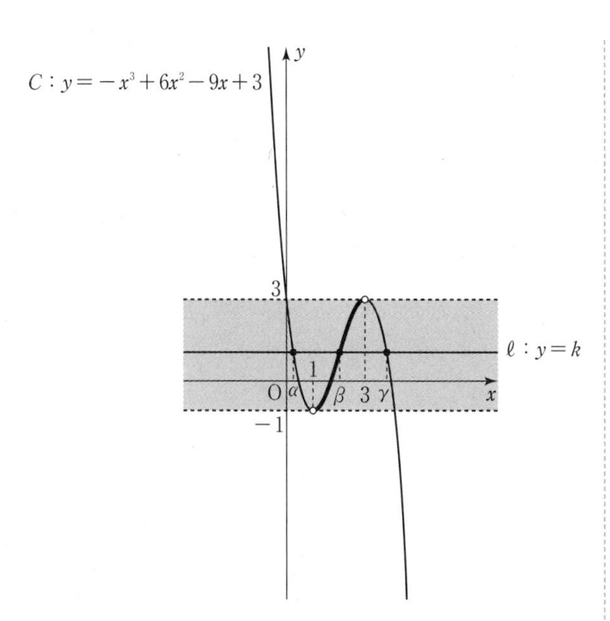

▶$-1<k<3$ のとき，β（3つの共有点のうち，中央の x 座標）は図の太線を動く

□ 第4問【数列】

ねらい

・日常生活に関する問題を数列の問題として処理できるか
・与えられた条件から適切な漸化式を導くことができるか
・$3m$，$3m-1$，$3m-2$ と場合分けされたときの和を求めることができるか

解説

次ページの表は，仕入れたアイスクリームが n 週目の月曜日の開店時にどれだけ残っているかを示している。

時間 / 仕入れた週	1週目	2週目	3週目	4週目	5週目	6週目	…
1週目	$a_1=M$	$\frac{1}{2}M$	$\frac{1}{4}M$	0（廃棄処分）			
2週目		$a_2=\frac{1}{2}M$	$\frac{1}{4}M$	$\frac{1}{8}M$	0（廃棄処分）		
3週目			$a_3=\frac{1}{2}M$	$\frac{1}{4}M$	$\frac{1}{8}M$	0（廃棄処分）	
4週目				$a_4=\frac{5}{8}M$	$\frac{5}{16}M$	$\frac{5}{32}M$	
…							

(1) 上の表より，

$$a_2=\frac{\boxed{ア\ 1}}{\boxed{イ\ 2}}M,\quad a_3=\frac{\boxed{ウ\ 1}}{\boxed{エ\ 2}}M,$$

$$a_4=\frac{\boxed{オ\ 5}}{\boxed{カ\ 8}}M$$

(2) $(n+2)$週目の月曜日の開店時には，

n週目に仕入れたアイスクリームが$\frac{1}{4}a_n$残り，

$(n+1)$週目に仕入れたアイスクリームが$\frac{1}{2}a_{n+1}$残るので，$(n+2)$週目に仕入れたアイスクリームの量がa_{n+2}であることに注意すると，

$$a_{n+2}+\frac{\boxed{キ\ 1}}{\boxed{ク\ 2}}a_{n+1}+\frac{\boxed{ケ\ 1}}{\boxed{コ\ 4}}a_n=M \quad \cdots\cdots①$$

▶月曜日の開店時には常に一定量Mのアイスクリームが店頭に並ぶ

これより，

$$a_{n+3}+\frac{\boxed{キ\ 1}}{\boxed{ク\ 2}}a_{n+2}+\frac{\boxed{ケ\ 1}}{\boxed{コ\ 4}}a_{n+1}=M \quad \cdots\cdots②$$

▶①のnを$n+1$に置き換えた

②$-$①$\times\frac{1}{2}$より，

$$a_{n+3}-\frac{1}{8}a_n=\frac{1}{2}M$$

$$\therefore\quad a_{n+3}=\frac{\boxed{\text{サ}\ 1}}{\boxed{\text{シ}\ 8}}a_n+\frac{\boxed{\text{ス}\ 1}}{\boxed{\text{セ}\ 2}}M \quad\cdots\cdots③$$

(3) 漸化式③は

$$a_{n+3}-\frac{\boxed{\text{ソ}\ 4}}{\boxed{\text{タ}\ 7}}M=\frac{\boxed{\text{サ}\ 1}}{\boxed{\text{シ}\ 8}}\left(a_n-\frac{\boxed{\text{ソ}\ 4}}{\boxed{\text{タ}\ 7}}M\right) \quad\cdots\cdots④$$

と変形できる。

これより，数列 $\left\{a_{3m}-\frac{4}{7}M\right\}$ は公比 $\frac{1}{8}$ の等比数列であるから，

$$a_{3m}-\frac{4}{7}M=\left(a_3-\frac{4}{7}M\right)\left(\frac{1}{8}\right)^{m-1}$$

$$\therefore\quad a_{3m}=-\frac{\boxed{\text{チ}\ 1}}{\boxed{\text{ツテ}\ 14}}M\left(\frac{\boxed{\text{サ}\ 1}}{\boxed{\text{シ}\ 8}}\right)^{m-1}+\frac{\boxed{\text{ソ}\ 4}}{\boxed{\text{タ}\ 7}}M$$

▶④で $n=3m$ とすると
$$a_{3(m+1)}-\frac{4}{7}M=\frac{1}{8}\left(a_{3m}-\frac{4}{7}M\right)$$

▶初項 a，公比 r の等比数列 $\{a_n\}$ の一般項は
$a_n=ar^{n-1}$

▶$a_3=\frac{1}{2}M$

(4) 同様に，

$$a_{3m-1}-\frac{4}{7}M=\left(a_2-\frac{4}{7}M\right)\left(\frac{1}{8}\right)^{m-1}$$

$$a_{3m-2}-\frac{4}{7}M=\left(a_1-\frac{4}{7}M\right)\left(\frac{1}{8}\right)^{m-1}$$

であるから，

$$a_{3m-1}=-\frac{1}{14}M\left(\frac{1}{8}\right)^{m-1}+\frac{4}{7}M$$

▶$a_2=\frac{1}{2}M$

$$a_{3m-2}=\frac{3}{7}M\left(\frac{1}{8}\right)^{m-1}+\frac{4}{7}M$$

▶$a_1=M$

これより，

$$\sum_{k=1}^{3n}a_k$$

$$=\sum_{m=1}^{n}(a_{3m-2}+a_{3m-1}+a_{3m})$$

$$=\sum_{m=1}^{n}\left\{\frac{2}{7}M\left(\frac{1}{8}\right)^{m-1}+\frac{12}{7}M\right\}$$

$$=\frac{\frac{2}{7}M\left\{1-\left(\frac{1}{8}\right)^{n}\right\}}{1-\frac{1}{8}}+\frac{12}{7}Mn$$

▶初項 a，公比 $r(\neq 1)$，項数 n の等比数列の和 S_n は
$S_n=\dfrac{a(1-r^n)}{1-r}$

$$=\frac{\boxed{\text{トナ}\ 16}}{\boxed{\text{ニヌ}\ 49}}M\left\{1-\left(\frac{\boxed{\text{サ}\ 1}}{\boxed{\text{シ}\ 8}}\right)^{\boxed{\text{ネ}\ n}}\right\}+\frac{\boxed{\text{ノハ}\ 12}}{\boxed{\text{ヒ}\ 7}}Mn$$

（……$\boxed{\text{ネ}\ ①}$）

□第5問【確率分布と統計的な推測】

ねらい

・正規分布を標準正規分布に変換することができるか
・標本平均の平均，標準偏差を求めることができるか
・母比率の信頼区間を求めることができるか

解説

(1)　X は正規分布 $N(3.1,\ 0.9^2)$ に従うので，$Z=\boxed{\text{ア}\ \dfrac{X-3.1}{0.9}}$

とおくと，確率変数 Z は標準正規分布 $N(0,\ 1)$ に従う。

（……$\boxed{\text{ア}\ ②}$）

$X\geqq 4 \Leftrightarrow Z\geqq 1$

であるから，正規分布表より

$$\begin{aligned}P(X\geqq 4)&=P(Z\geqq 1)\\&=0.5-P(0\leqq Z\leqq 1)\\&=0.5-0.3413\\&=0.1587\\&\fallingdotseq 0.16\end{aligned}$$

（……$\boxed{\text{イ}\ ①}$）

▶
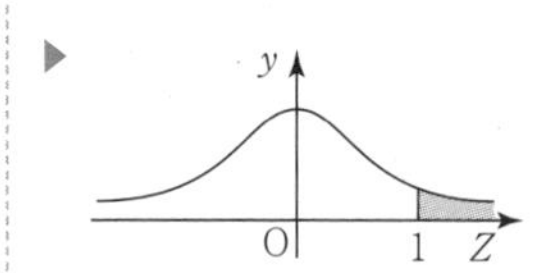

(2)　母平均 3.1，母標準偏差 0.9 の母集団から抽出された大きさ 100 の無作為標本なので，$\overline{X}$ は平均（期待値）

$\boxed{\text{ウ}\ 3}.\boxed{\text{エ}\ 1}$，標準偏差

$\dfrac{0.9}{10}=$ オ 0 . カキ 09 の正規分布に従う。

$Z_1=\dfrac{\overline{X}-3.1}{0.09}$ とおくと，確率変数 Z_1 は標準正規分布 $N(0,\ 1)$ に従うので，正規分布表より

$$\begin{aligned}P(\overline{X}\geqq 3.28)&=P(Z_1\geqq 2)\\&=0.5-P(0\leqq Z_1\leqq 2)\\&=0.5-0.4772\\&=0.0228\\&\fallingdotseq 0.\,\text{クケコ}\ 023\end{aligned}$$

▶母平均 m，母標準偏差 σ，大きさ n の標本平均 $\overline{X}$ は n が十分に大きければ，正規分布 $N\left(m,\ \dfrac{\sigma^2}{n}\right)$ に従う

▶

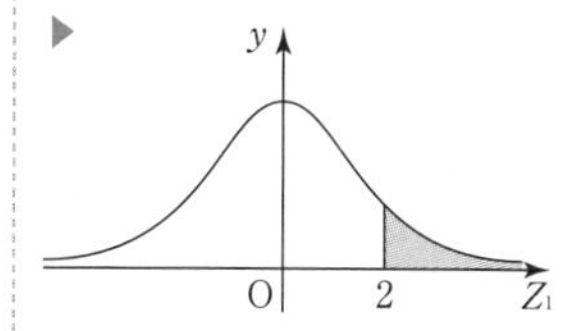

(3) 標本比率 R は

$$R=\frac{20}{100}=0.\,\text{サ}\ 2$$

である。標本の大きさ100は十分に大きいので，R は近似的に正規分布 シ $N\left(p,\ \dfrac{p(1-p)}{100}\right)$ に従う。

(…… シ ①)

▶母比率 p，標本の大きさ n の標本比率 R は，n が十分に大きいとき，近似的に正規分布 $N\left(p,\ \dfrac{p(1-p)}{n}\right)$ に従う

大数の法則より，$R=p$ とみなすと，

$$\begin{aligned}C_1&=R-1.96\sqrt{\frac{R(1-R)}{100}}\\&=0.2-1.96\sqrt{\frac{0.2\times0.8}{100}}\\&=0.2-1.96\times\frac{4}{100}\\&=0.1216\\&\fallingdotseq 0.\,\text{スセ}\ 12\end{aligned}$$

$$\begin{aligned}C_2&=R+1.96\sqrt{\frac{R(1-R)}{100}}\\&=0.2+1.96\times\frac{4}{100}\\&=0.2784\\&\fallingdotseq 0.\,\text{ソタ}\ 28\end{aligned}$$

▶母比率の推定
標本の大きさ n が十分に大きいとき，標本比率を R とすると，$R=p$ とみなせる。このとき，母比率 p に対する信頼度95%の信頼区間は
$C_1\leqq p\leqq C_2$
ただし
$C_1=R-1.96\sqrt{\dfrac{R(1-R)}{n}}$
$C_2=R+1.96\sqrt{\dfrac{R(1-R)}{n}}$

(4) 正しいものは，[チ ②]である。

□第6問【ベクトル】

ねらい

・三角形の外心，垂心の条件を導けるか
・三角形の外心，垂心の位置ベクトルを求め，その2点と重心の位置関係を求めることができるか
・2直線の交点を求めることができるか

解説

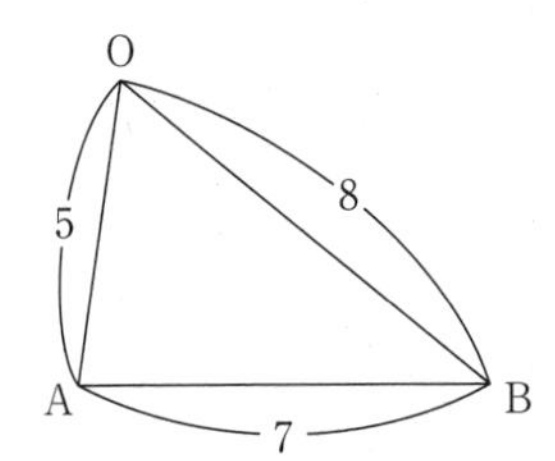

$$|\vec{b}-\vec{a}|=|\overrightarrow{AB}|=7$$

より，

$$|\vec{b}|^2+|\vec{a}|^2-2\vec{a}\cdot\vec{b}=49$$

▶両辺を2乗した

$$64+25-2\vec{a}\cdot\vec{b}=49$$

$$\therefore\quad \vec{a}\cdot\vec{b}=\boxed{アイ\ 20}$$

また，

$$\overrightarrow{OG}=\frac{\vec{a}+\vec{b}}{\boxed{ウ\ 3}}$$

(1)

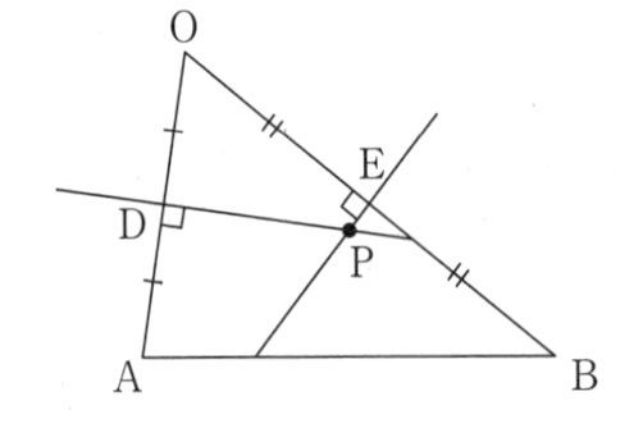

▶外心は各辺の垂直二等分線の交点

辺OA，OBの中点をそれぞれD，Eとすると，

$$\overrightarrow{OP}\cdot\vec{a}=(\overrightarrow{OD}+\overrightarrow{DP})\cdot\vec{a}$$
$$=\overrightarrow{OD}\cdot\vec{a}+\overrightarrow{DP}\cdot\vec{a}$$
$$=\overrightarrow{OD}\cdot\vec{a}$$
$$=\frac{1}{\boxed{エ\ 2}}|\vec{a}|^2$$

▶DP⊥OAなので $\overrightarrow{DP}\cdot\vec{a}=0$

▶$\overrightarrow{OD}=\frac{1}{2}\vec{a}$

$$\overrightarrow{OP}\cdot\vec{b}=(\overrightarrow{OE}+\overrightarrow{EP})\cdot\vec{b}$$
$$=\overrightarrow{OE}\cdot\vec{b}+\overrightarrow{EP}\cdot\vec{b}$$
$$=\overrightarrow{OE}\cdot\vec{b}$$
$$=\frac{1}{\boxed{エ\ 2}}|\vec{b}|^2$$

▶EP⊥OBなので $\overrightarrow{EP}\cdot\vec{b}=0$

▶$\overrightarrow{OE}=\frac{1}{2}\vec{b}$

よって，

$$\overrightarrow{OP}\cdot\vec{a}=\frac{1}{\boxed{エ\ 2}}|\vec{a}|^2 \text{ かつ}$$
$$\overrightarrow{OP}\cdot\vec{b}=\frac{1}{\boxed{エ\ 2}}|\vec{b}|^2 \quad \cdots\cdots①$$

が成り立つ。

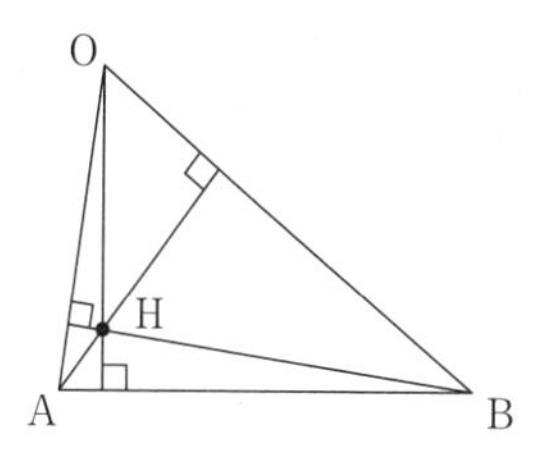

また，垂心Hについて

$$\vec{a}\cdot\overrightarrow{BH}=0 \text{ かつ } \vec{b}\cdot\overrightarrow{AH}=0$$

▶OA⊥BH，OB⊥AHより

より，

$$\vec{a}\cdot(\overrightarrow{OH}-\vec{b})=0 \text{ かつ } \vec{b}\cdot(\overrightarrow{OH}-\vec{a})=0$$
$$\therefore\ \overrightarrow{OH}\cdot\vec{a}=\overrightarrow{OH}\cdot\vec{b}=\boxed{オ\ \vec{a}\cdot\vec{b}} \quad \cdots\cdots②$$

(……$\boxed{オ\ ①}$)

(2) $\overrightarrow{OP}=\alpha\vec{a}+\beta\vec{b}$ とおく。①より，

$$\begin{cases} (\alpha\vec{a}+\beta\vec{b})\cdot\vec{a}=\dfrac{1}{2}|\vec{a}|^2 \\ (\alpha\vec{a}+\beta\vec{b})\cdot\vec{b}=\dfrac{1}{2}|\vec{b}|^2 \end{cases}$$

$$\begin{cases} 25\alpha+20\beta=\dfrac{25}{2} \\ 20\alpha+64\beta=32 \end{cases}$$

▶$|\vec{a}|=5$, $|\vec{b}|=8$, $\vec{a}\cdot\vec{b}=20$ より

$$\therefore \begin{cases} 5\alpha+4\beta=\dfrac{5}{2} \\ 5\alpha+16\beta=8 \end{cases}$$

これを解くと，$\alpha=\dfrac{2}{15}$，$\beta=\dfrac{11}{24}$ であるから，

$$\overrightarrow{OP}=\frac{\boxed{カ\ 2}}{\boxed{キク\ 15}}\vec{a}+\frac{\boxed{ケコ\ 11}}{\boxed{サシ\ 24}}\vec{b}$$

一方，$\overrightarrow{OH}=s\vec{a}+t\vec{b}$ とおくと，②より，

$$\begin{cases} (s\vec{a}+t\vec{b})\cdot\vec{a}=\vec{a}\cdot\vec{b} \\ (s\vec{a}+t\vec{b})\cdot\vec{b}=\vec{a}\cdot\vec{b} \end{cases}$$

$$\begin{cases} 25s+20t=20 \\ 20s+64t=20 \end{cases}$$

▶左辺の係数は $\overrightarrow{OP}$ の計算のときと同じ

$$\therefore \begin{cases} 5s+4t=4 \\ 5s+16t=5 \end{cases}$$

これを解くと，$s=\dfrac{11}{15}$，$t=\dfrac{1}{12}$ であるから，

$$\overrightarrow{OH}=\frac{\boxed{スセ\ 11}}{\boxed{ソタ\ 15}}\vec{a}+\frac{1}{\boxed{チツ\ 12}}\vec{b}$$

これより，

$$\begin{cases} \overrightarrow{GH}=\overrightarrow{OH}-\overrightarrow{OG}=\dfrac{2}{5}\vec{a}-\dfrac{1}{4}\vec{b} \\ \overrightarrow{GP}=\overrightarrow{OP}-\overrightarrow{OG}=-\dfrac{1}{5}\vec{a}+\dfrac{1}{8}\vec{b} \end{cases}$$

▶$\overrightarrow{OG}=\dfrac{\vec{a}+\vec{b}}{3}$

であるから，

$$\overrightarrow{GH}=-2\overrightarrow{GP}$$

となる。したがって，3 点 H，G，P は同一直線上にあり

▶この直線はオイラー線とよばれる

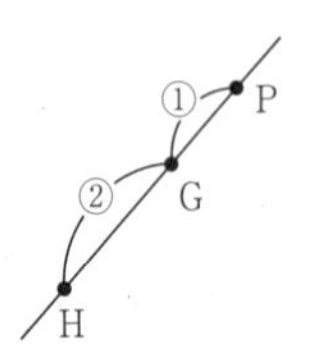

HG：GP＝ テ 2 ：1

(3)

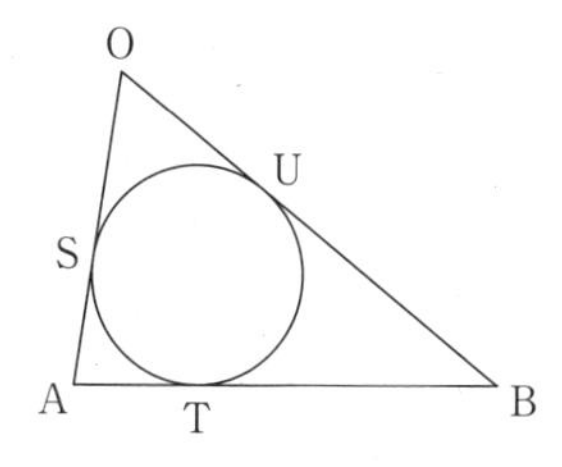

OS＝OU，AS＝AT，BT＝BU であるから，

$$\frac{\mathrm{OS}}{\mathrm{SA}}\cdot\frac{\mathrm{AT}}{\mathrm{TB}}\cdot\frac{\mathrm{BU}}{\mathrm{UO}}= \boxed{ト\ 1}$$

▶接線の長さは等しい

したがって，チェバの定理の逆から3直線 AU，BS，OT は1点 F で交わる。

▶点 F はジュルゴンヌ点とよばれる

ここで，

$\mathrm{OS}=\mathrm{OU}=u$

とおくと，

$\mathrm{AS}=\mathrm{AT}=5-u$，$\mathrm{BU}=\mathrm{BT}=8-u$

であり，AT＋TB＝7 であるから，

$(5-u)+(8-u)=7$

$\therefore\ \ u=\boxed{ナ\ 3}$

よって，次図のようになる。

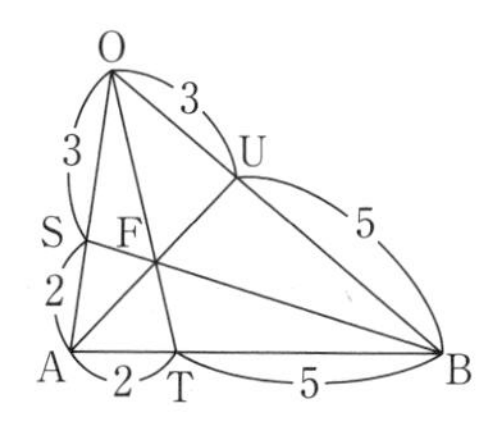

SF：FB＝x：$1-x$ とおくと，

$$\overrightarrow{\mathrm{OF}}=x\overrightarrow{\mathrm{OB}}+(1-x)\overrightarrow{\mathrm{OS}}$$

$$=\frac{3}{5}(1-x)\vec{a}+x\vec{b}\quad\cdots\cdots③$$

一方，AF：FU＝y：$1-y$ とおくと，

$$\overrightarrow{\mathrm{OF}}=y\overrightarrow{\mathrm{OU}}+(1-y)\overrightarrow{\mathrm{OA}}$$
$$=(1-y)\vec{a}+\frac{3}{8}y\vec{b}\quad\cdots\cdots④$$

③，④より，

$$\begin{cases}\dfrac{3}{5}(1-x)=1-y\\ x=\dfrac{3}{8}y\end{cases}$$

$$\therefore\quad x=\frac{6}{31},\ y=\frac{16}{31}$$

したがって，

$$\overrightarrow{\mathrm{OF}}=\frac{\boxed{ニヌ\ 15}}{\boxed{ネノ\ 31}}\vec{a}+\frac{\boxed{ハ\ 6}}{\boxed{ヒフ\ 31}}\vec{b}$$

□ 第7問

〔1〕【平面上の曲線】

ねらい

・楕円のパラメータ表示を利用できるか
・楕円の接線の方程式を求めることができるか
・面積の最小値を求めることができるか

解説

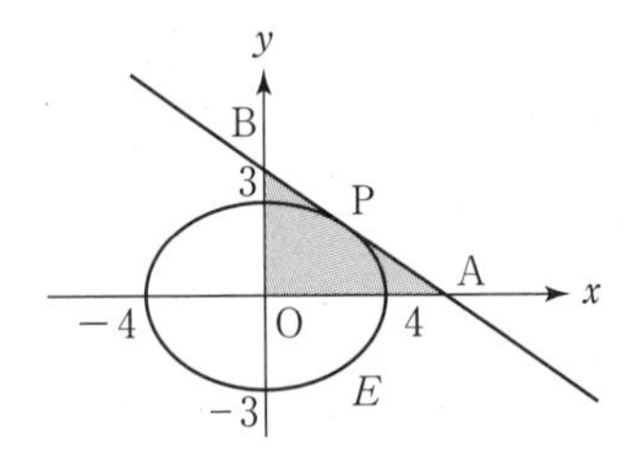

角θを媒介変数として楕円Eを表すと，

$x=\boxed{ア\ 4\cos\theta}$，$y=\boxed{イ\ 3\sin\theta}$

（……$\boxed{ア\ ⓪}$ $\boxed{イ\ ③}$）

点$\mathrm{P}(4\cos\theta,\ 3\sin\theta)$における楕円の接線$\ell$の方程式は，

▶楕円$\dfrac{x^2}{a^2}+\dfrac{y^2}{b^2}=1$の媒介変数表示は
$x=a\cos\theta$，$y=b\sin\theta$

▶点Pは第1象限の点であるから
$0<\theta<\dfrac{\pi}{2}$

$$\frac{4\cos\theta x}{16}+\frac{3\sin\theta y}{9}=1$$

$$\therefore \quad \boxed{ウ\ \frac{\cos\theta}{4}x+\frac{\sin\theta}{3}y=1} \qquad (\cdots\cdots \boxed{ウ\ ③})$$

▶楕円 $\frac{x^2}{a^2}+\frac{y^2}{b^2}=1$ 上の点 $P(x_1,\ y_1)$ における接線の方程式は

$$\frac{x_1x}{a^2}+\frac{y_1y}{b^2}=1$$

これより，

$$A\left(\frac{4}{\cos\theta},\ 0\right),\ B\left(0,\ \frac{3}{\sin\theta}\right)$$

したがって，

$$\triangle OAB=\frac{1}{2}\times OA\times OB$$
$$=\frac{1}{2}\times\frac{4}{\cos\theta}\times\frac{3}{\sin\theta}$$
$$=\frac{12}{\sin 2\theta}$$

$0<\theta<\frac{\pi}{2}$ のとき，$0<\sin 2\theta\leqq 1$ であるから，$\triangle OAB$ は

$\theta=\frac{\pi}{4}$（すなわち $\sin 2\theta=1$）のとき最小値 $\boxed{エオ\ 12}$ をとる。

また，このときの点 P の座標は，

$$\left(4\cos\frac{\pi}{4},\ 3\sin\frac{\pi}{4}\right)$$

すなわち，

$$\left(\boxed{カ\ 2}\sqrt{\boxed{キ\ 2}},\ \frac{\boxed{ク\ 3}\sqrt{\boxed{ケ\ 2}}}{\boxed{コ\ 2}}\right)$$

◆ Comment

楕円 E の媒介変数表示において，$\angle POA=\theta$ とはならないことに注意すること。E を x 軸をもとにして y 軸方向に $\frac{4}{3}$ 倍に拡大した円 $(x^2+y^2=16)$ を考え，楕円上の点 $P(4\cos\theta,\ 3\sin\theta)$ が移された点を Q とすると，$Q(4\cos\theta,\ 4\sin\theta)$ となり，$\angle QOA=\theta$ である。

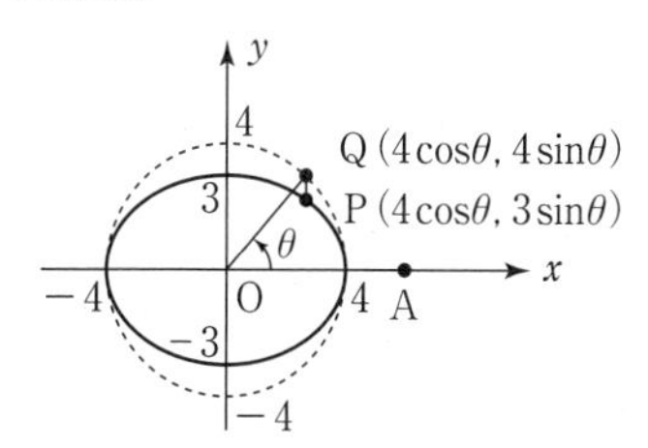

第５回 実戦問題

〔2〕【複素数平面】

ねらい

・複素数を極形式の形に直すことができるか
・3点が一直線上にある条件を式で表すことができるか
・複素数の6乗をド・モアブルの定理を用いて求めることができるか

解説

$$x^3+kx^2+4kx-16=0 \quad \cdots\cdots ①$$

(1) $x=1$ を解にもつとき，

$$1+k+4k-16=0$$

▶$x=1$ は①を満たす

$$5k-15=0$$

$$\therefore \quad k=\boxed{サ\ 3}$$

このとき，①は，

$$x^3+3x^2+12x-16=0$$

▶$k=3$ を①に代入

$$(x-1)\left(x^2+\boxed{シ\ 4}x+\boxed{スセ\ 16}\right)=0$$

よって，①の $x=1$ 以外の解で，虚部が正のものをαとすると，

$$\alpha=-2+2\sqrt{3}i$$

$$=\boxed{ソ\ 4}\left(\cos\frac{\boxed{タ\ 2}}{\boxed{チ\ 3}}\pi+i\sin\frac{\boxed{タ\ 2}}{\boxed{チ\ 3}}\pi\right)$$

▶

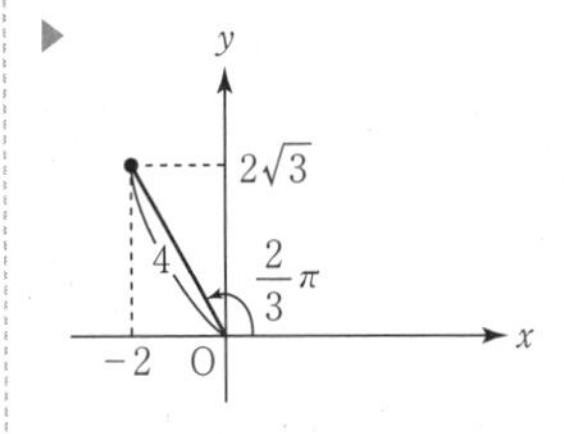

(2)

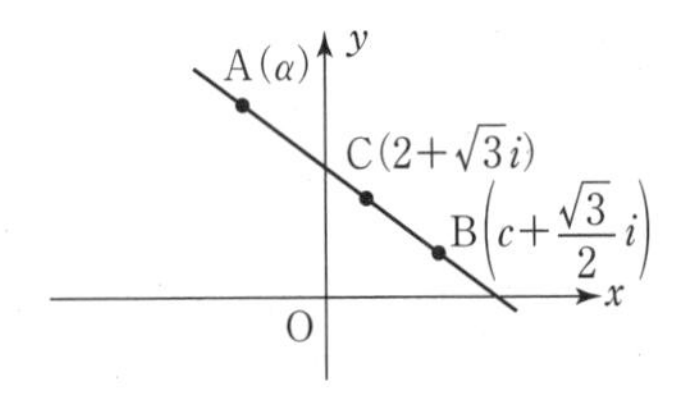

$\beta=c+\dfrac{\sqrt{3}}{2}i$，$\gamma=2+\sqrt{3}i$ とする。

$$\frac{\beta-\alpha}{\gamma-\alpha}=\frac{\left(c+\frac{\sqrt{3}}{2}i\right)-(-2+2\sqrt{3}i)}{(2+\sqrt{3}i)-(-2+2\sqrt{3}i)}$$

$$=\frac{c+2-\frac{3}{2}\sqrt{3}i}{4-\sqrt{3}i}$$

$$=\frac{\left(c+2-\frac{3}{2}\sqrt{3}i\right)(4+\sqrt{3}i)}{19}$$

▶分母の実数化

$$=\frac{\left(4c+\frac{25}{2}\right)+(c-4)\sqrt{3}i}{19}$$

3点A，B，Cが一直線上にあるためには，$\frac{\beta-\alpha}{\gamma-\alpha}$ が実数となればよい。

したがって，

$$(c-4)\sqrt{3}=0$$

$$\therefore\quad c=\boxed{ツ\ 4}$$

$c=\boxed{ツ\ 4}$ のとき，

$$\alpha+c=(-2+2\sqrt{3}i)+4$$

$$=2+2\sqrt{3}i$$

$$=\boxed{テ\ 4}\left(\cos\frac{\boxed{ト\ 1}}{\boxed{ナ\ 3}}\pi+i\sin\frac{\boxed{ト\ 1}}{\boxed{ナ\ 3}}\pi\right)$$

▶

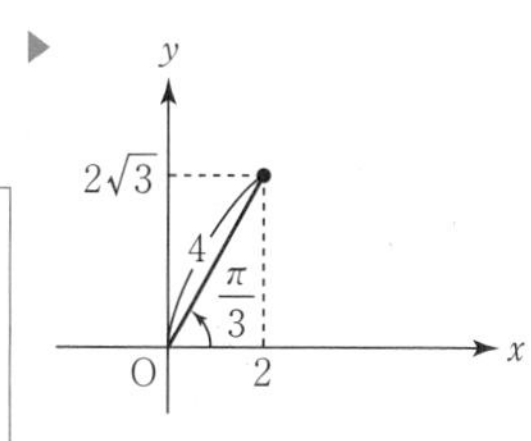

したがって，ド・モアブルの定理より，

$$(\alpha+c)^6=4^6(\cos 2\pi+i\sin 2\pi)=\boxed{ニヌネノ\ 4096}$$

▶ド・モアブルの定理
n が整数のとき
$(\cos\theta+i\sin\theta)^n$
$=\cos n\theta+i\sin n\theta$

第５回 実戦問題

東進 共通テスト実戦問題集 数学Ⅱ・B・C

発行日：2024年 6月30日　初版発行

著者：志田晶
発行者：永瀬昭幸
発行所：株式会社ナガセ
〒180-0003 東京都武蔵野市吉祥寺南町 1-29-2
出版事業部（東進ブックス）
TEL：0422-70-7456 ／ FAX：0422-70-7457
URL：http://www.toshin.com/books/（東進WEB書店）
※本書を含む東進ブックスの最新情報は東進WEB書店をご覧ください。
編集担当：河合桃子

制作協力：株式会社カルチャー・プロ
編集協力：久光幹太　森下聡吾　城谷颯
デザイン・装丁：東進ブックス編集部
図版制作・DTP・印刷・製本：シナノ印刷株式会社

ISBN978-4-89085-959-7　C7341

東進の合格の秘訣が次ページに

合格の秘訣1

全国屈指の実力講師陣

東進の実力講師陣 数多くのベストセラー参考書を執筆!!

東進ハイスクール・東進衛星予備校では、そうそうたる講師陣が君を熱く指導する！

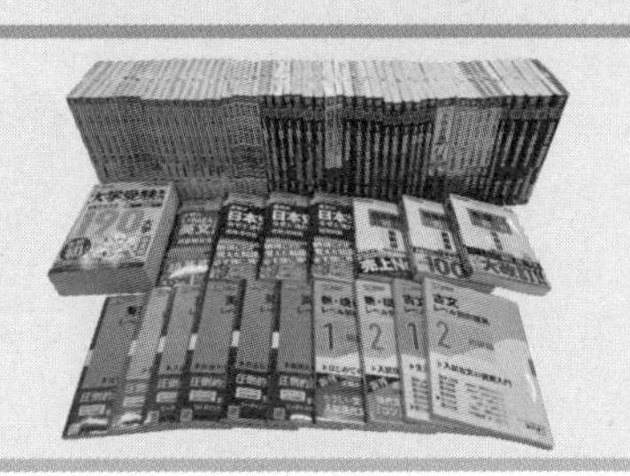

本気で実力をつけたいと思うなら、やはり根本から理解させてくれる一流講師の授業を受けることが大切です。東進の講師は、日本全国から選りすぐられた大学受験のプロフェッショナル。何万人もの受験生を志望校合格へ導いてきたエキスパート達です。

英語

本物の英語力をとことん楽しく！日本の英語教育をリードするMr.4Skills.

安河内 哲也先生［英語］

100万人を魅了した予備校界のカリスマ。抱腹絶倒の名講義を見逃すな！

今井 宏先生［英語］

爆笑と感動の世界へようこそ。「スーパー速読法」で難解な長文も速読即解！

渡辺 勝彦先生［英語］

雑誌『TIME』やベストセラーの翻訳も手掛け、英語界でその名を馳せる実力講師。

宮崎 尊先生［英語］

いつのまにか英語を得意科目にしてしまう、情熱あふれる絶品授業！

大岩 秀樹先生［英語］

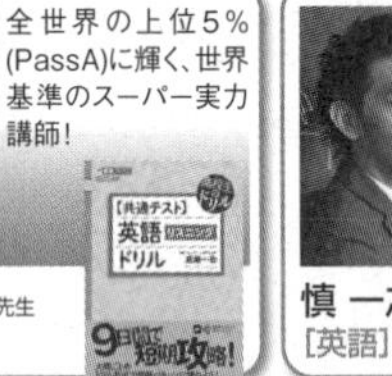

全世界の上位5％(PassA)に輝く、世界基準のスーパー実力講師！

武藤 一也先生［英語］

関西の実力講師が、全国の東進生に「わかる」感動を伝授。

慎 一之先生［英語］

数学

数学を本質から理解し、あらゆる問題に対応できる力を与える珠玉の名講義！

志田 晶先生［数学］

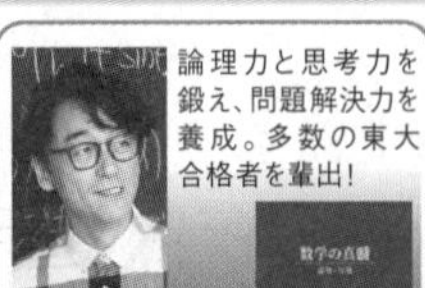

論理力と思考力を鍛え、問題解決力を養成。多数の東大合格者を輩出！

青木 純二先生［数学］

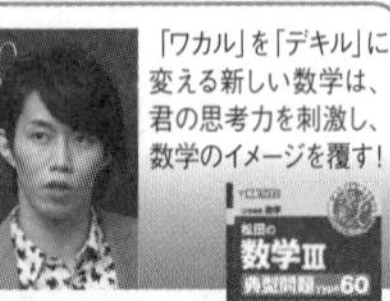

「ワカル」を「デキル」に変える新しい数学は、君の思考力を刺激し、数学のイメージを覆す！

松田 聡平先生［数学］

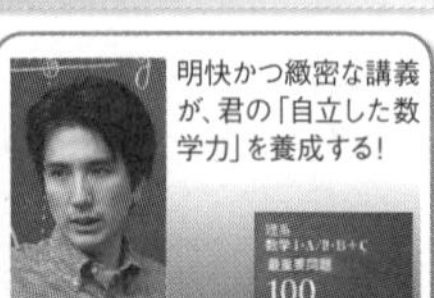

明快かつ緻密な講義が、君の「自立した数学力」を養成する！

寺田 英智先生［数学］

WEBで体験

東進ドットコムで授業を体験できます！
実力講師陣の詳しい紹介や、各教科の学習アドバイスも読めます。
www.toshin.com/teacher/

国語

「脱・字面読み」トレーニングで、「読む力」を根本から改革する！
輿水 淳一先生
[現代文]

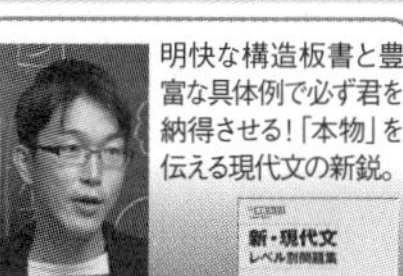
明快な構造板書と豊富な具体例で必ず君を納得させる！「本物」を伝える現代文の新鋭。
西原 剛先生
[現代文]

東大・難関大志望者から絶大なる信頼を得る本質の指導を追究。
栗原 隆先生
[古文]

ビジュアル解説で古文を簡単明快に解き明かす実力講師。
富井 健二先生
[古文]

縦横無尽な知識に裏打ちされた立体的な授業に、グングン引き込まれる！
三羽 邦美先生
[古文・漢文]

幅広い教養と明解な具体例を駆使した緩急自在の講義。漢文が身近になる！
寺師 貴憲先生
[漢文]

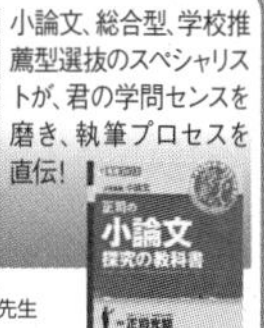
小論文、総合型、学校推薦型選抜のスペシャリストが、君の学問センスを磨き、執筆プロセスを直伝！
正司 光範先生
[小論文]

文章で自分を表現できれば、受験も人生も成功できますよ。「笑顔と努力」で合格を！
石関 直子先生
[小論文]

理科

正しい道具の使い方で、難問が驚くほどシンプルに見えてくる！
宮内 舞子先生
[物理]

化学現象を疑い化学全体を見通す"伝説の講義"は東大理三合格者も絶賛。
鎌田 真彰先生
[化学]

「なぜ」をとことん追究し「規則性」「法則性」が見えてくる大人気の授業！
立脇 香奈先生
[化学]

「いきもの」をこよなく愛する心が君の探究心を引き出す！生物の達人。
飯田 高明先生
[生物]

地歴公民

歴史の本質に迫る授業と、入試頻出の「表解板書」で圧倒的な信頼を得る！
金谷 俊一郎先生
[日本史]

つねに生徒と同じ目線に立って、入試問題に対する的確な思考法を教えてくれる。
井之上 勇先生
[日本史]

"受験世界史に荒巻あり"と言われる超実力人気講師！世界史の醍醐味を。
荒巻 豊志先生
[世界史]

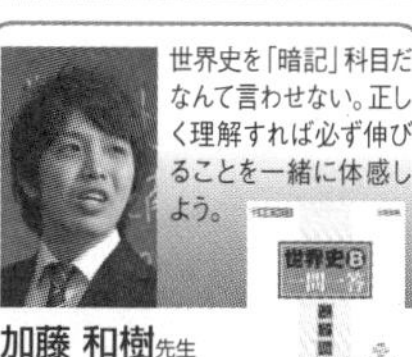
世界史を「暗記」科目だなんて言わせない。正しく理解すれば必ず伸びることを一緒に体感しよう。
加藤 和樹先生
[世界史]

どんな複雑な歴史も難問も、シンプルな解説で本質から徹底理解できる。
清水 裕子先生
[世界史]

わかりやすい図解と統計の説明に定評。
山岡 信幸先生
[地理]

政治と経済のメカニズムを論理的に解明しながら、入試頻出ポイントを明確に示す。
清水 雅博先生
[公民]

「今」を知ることは「未来」の扉を開くこと。受験に留まらず、目標を高く、そして強く持て！
執行 康弘先生
[公民]

※書籍画像は2024年3月末時点のものです。

合格の秘訣2

ココが違う 東進の指導

01 人にしかできないやる気を引き出す指導

夢と志は志望校合格への原動力！

夢・志を育む指導

東進では、将来を考えるイベントを毎月実施しています。夢・志は大学受験のその先を見据える、学習のモチベーションとなります。仲間とワクワクしながら将来の夢・志を考え、さらに志を言葉で表現していく機会を提供します。

一人ひとりを大切に君を個別にサポート

担任指導

東進が持つ豊富なデータに基づき君だけの合格設計図をともに考えます。熱誠指導でどんな時でも君のやる気を引き出します。

受験は団体戦！仲間と努力を楽しめる

チーム制

東進ではチームミーティングを実施しています。週に1度学習の進捗報告や将来の夢・目標について語り合う場です。一人じゃないから楽しく頑張れます。

現役合格者の声

東京大学 文科一類
中村 誠雄くん
東京都 私立 駒場東邦高校卒

林修先生の現代文記述・論述トレーニングは非常に良質で、大いに受講する価値があると感じました。また、担任指導やチームミーティングは心の支えでした。現状を共有でき、話せる相手がいることは、東進ならではで、受験という本来孤独な闘いにおける強みだと思います。

02 人間には不可能なことを AI が可能に

学力×志望校 一人ひとりに最適な演習をAIが提案！

AI演習

東進のAI演習講座は2017年から開講していて、のべ100万人以上の卒業生の、200億題にもおよぶ学習履歴や成績、合否等のビッグデータと、各大学入試を徹底的に分析した結果等の教務情報をもとに年々その精度が上がっています。2024年には全学年にAI演習講座が開講します。

AI演習講座ラインアップ

高3生 苦手克服＆得点力を徹底強化！

「志望校別単元ジャンル演習講座」
「第一志望校対策演習講座」
「最難関4大学特別演習講座」

高2生 大学入試の定石を身につける！

「個人別定石問題演習講座」

高1生 素早く、深く基礎を理解！

「個人別基礎定着問題演習講座」 2024年夏 新規開講

現役合格者の声

千葉大学 医学部医学科
寺嶋 伶旺くん
千葉県立 船橋高校卒

高1の春に入学しました。野球部と両立しながら早くから勉強をする習慣がついていたことは僕が合格した要因の一つです。「志望校別単元ジャンル演習講座」は、AIが僕の苦手を分析して、最適な問題演習セットを提示してくれるため、集中的に弱点を克服することができました。

「遠くて東進の校舎に通えない……」。そんな君も大丈夫！ 在宅受講コースなら自宅のパソコンを使って勉強できます。ご希望の方には、在宅受講コースのパンフレットをお送りいたします。お電話にてご連絡ください。学習・進路相談も随時可能です。 **0120-531-104**

03 本当に学力を伸ばすこだわり

楽しい！わかりやすい！ そんな講師が勢揃い

実力講師陣

わかりやすいのは当たり前！おもしろくてやる気の出る授業を約束します。1・5倍速×集中受講の高速学習。そして、12レベルに細分化された授業を組み合わせ、スモールステップで学力を伸ばす君だけのカリキュラムをつくります。

英単語1800語を最短1週間で修得！

高速マスター

基礎・基本を短期間で一気に身につける「高速マスター基礎力養成講座」を設置しています。オンラインで楽しく効率よく取り組めます。

本番レベル・スピード返却 学力を伸ばす模試

東進模試

常に本番レベルの厳正実施。合格のために何をすべきか点数でわかります。WEBを活用し、最短中3日の成績表スピード返却を実施しています。

パーフェクトマスターのしくみ

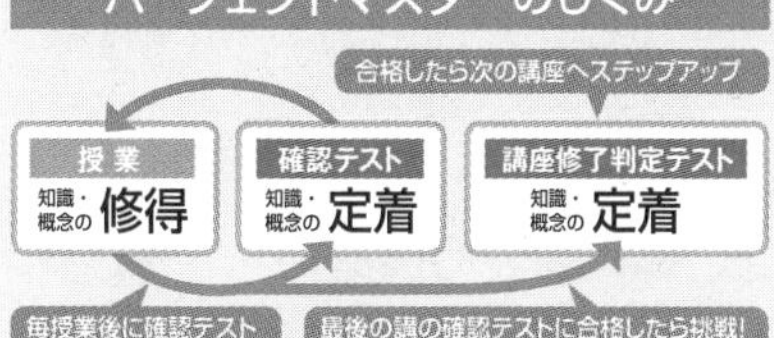

現役合格者の声

早稲田大学 基幹理工学部
津行 陽奈さん
神奈川県 私立 横浜雙葉高校卒

私が受験において大切だと感じたのは、長期的な積み重ねです。基礎力をつけるために「高速マスター基礎力養成講座」や授業後の「確認テスト」を満点にすること、模試の復習などを積み重ねていくことでどんどん合格に近づき合格することができたと思っています。

君の高校の進度に合わせて学習し、定期テストで高得点を取る！

ついに登場！

高等学校対応コース

目指せ！「定期テスト」20点アップ！
「先取り」で学校の勉強がよくわかる！

楽しく、集中が続く、授業の流れ

1. 導入

授業の冒頭では、講師と担任助手の先生が今回扱う内容を紹介します。

2. 授業

約15分の授業でポイントをわかりやすく伝えます。要点はテロップでも表示されるので、ポイントがよくわかります。

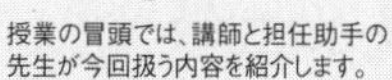

3. まとめ

授業が終わったら、次は確認テスト。その前に、授業のポイントをおさらいします。

合格の秘訣3 **東進模試**

申込受付中
※お問い合わせ先は付録7ページをご覧ください。

学力を伸ばす模試

本番を想定した「厳正実施」
統一実施日の「厳正実施」で、実際の入試と同じレベル・形式・試験範囲の「本番レベル」模試。
相対評価に加え、絶対評価で学力の伸びを具体的な点数で把握できます。

12大学のべ42回の「大学別模試」の実施
予備校界随一のラインアップで志望校に特化した"学力の精密検査"として活用できます（同日・直近日体験受験を含む）。

単元・ジャンル別の学力分析
対策すべき単元・ジャンルを一覧で明示。学習の優先順位がつけられます。

最短中5日で成績表返却
WEBでは最短中3日で成績を確認できます。※マーク型の模試のみ

合格指導解説授業
模試受験後に合格指導解説授業を実施。重要ポイントが手に取るようにわかります。

2024年度

東進模試 ラインアップ

共通テスト対策
- 共通テスト本番レベル模試 …… 全4回
- 全国統一高校生テスト〈全学年統一部門〉〈高2生部門〉〈高1生部門〉 …… 全2回

同日体験受験
- 共通テスト同日体験受験 …… 全1回

記述・難関大対策
- 早慶上理・難関国公立大模試 全5回
- 全国有名国公私大模試 …… 全5回
- 医学部82大学判定テスト …… 全2回

基礎学力チェック
- 高校レベル記述模試〈高2〉〈高1〉 …… 全2回
- 大学合格基礎力判定テスト 全4回
- 全国統一中学生テスト〈全学年統一部門〉〈中2生部門〉〈中1生部門〉 …… 全2回
- 中学学力判定テスト〈中2生〉〈中1生〉 …… 全4回

※ 2024年度に実施予定の模試は、今後の状況により変更する場合があります。
最新の情報はホームページでご確認ください。

大学別対策
- 東大本番レベル模試 …… 全4回
- 高2東大本番レベル模試 全4回
- 京大本番レベル模試 …… 全4回
- 北大本番レベル模試 …… 全2回
- 東北大本番レベル模試 …… 全2回
- 名大本番レベル模試 …… 全3回
- 阪大本番レベル模試 …… 全3回
- 九大本番レベル模試 …… 全3回
- 東工大本番レベル模試[第1回] 東京科学大本番レベル模試[第2回] 全2回
- 一橋大本番レベル模試 …… 全2回
- 神戸大本番レベル模試 …… 全2回
- 千葉大本番レベル模試 …… 全1回
- 広島大本番レベル模試 …… 全1回

同日体験受験
- 東大入試同日体験受験 …… 全1回
- 東北大入試同日体験受験 …… 全1回
- 名大入試同日体験受験 …… 全1回

直近日体験受験 …… 各1回
- 京大入試 直近日体験受験
- 北大入試 直近日体験受験
- 阪大入試 直近日体験受験
- 九大入試 直近日体験受験
- 東京科学大入試 直近日体験受験
- 一橋大入試 直近日体験受験

2024年 東進現役合格実績
受験を突破する力は未来を切り拓く力!

東大現役合格実績日本一[※1] 6年連続800名超!

現役生のみ! 講習生を含まず!

※1 2023年東大現役合格実績をホームページ・パンフレット・チラシ等で公表している予備校の中で最大(2023年JDnet調べ)。

東大834名

文科一類	118名	理科一類	300名
文科二類	115名	理科二類	121名
文科三類	113名	理科三類	42名
学校推薦型選抜	25名		

現役合格者の36.5%が東進生!

東進生現役占有率 834/2,284 36.5%

全現役合格者に占める東進生の割合

2024年の東大全体の現役合格者は2,284名。東進の現役合格者は834名。東進生の占有率は36.5%。現役合格者の2.8人に1人が東進生です。

学校推薦型選抜も東進!

東大25名

学校推薦型選抜 現役合格者の27.7%が東進生!

推薦入試でも東進生現役占有率 27.7%

法学部	4名	工学部	8名
経済学部	1名	理学部	4名
文学部	1名	薬学部	2名
教育学部	1名	医学部医学科	1名
教養学部	3名		

京大493名 昨対+21名

総合人間学部	23名	医学部人間健康科学科	20名
文学部	37名	薬学部	14名
教育学部	10名	工学部	161名
法学部	56名	農学部	43名
経済学部	49名	特色入試(上記に含む)	24名
理学部	52名		
医学部医学科	28名		

早慶5,980名 昨対+239名

早稲田大 3,582名 史上最高!※2

政治経済学部	472名
法学部	354名
商学部	297名
文化構想学部	276名
理工3学部	752名
他	1,431名

慶應義塾大 2,398名 史上最高!※2

法学部	290名
経済学部	368名
商学部	487名
理工学部	576名
医学部	39名
他	638名

医学部医学科 1,800名 昨対+9名

国公立医・医 1,033名 防衛医科大学校を含む

私立医・医 767名 史上最高!※2

国公立医・医1,033名 防衛医科大学校を含む

東京大 43名 | 名古屋大 28名 | 筑波大 21名 | 横浜市立大 14名 | 神戸大 30名 | 京都大 28名 | 大阪大 23名 | 千葉大 25名 | 浜松医科大 19名 | その他 | 北海道大 18名 | 九州大 23名 | 東京医科歯科大 21名 | 大阪公立大 12名 | 国公立医・医 700名 | 東北大 28名

私立医・医 767名 昨対+40名 史上最高!※2

自治医科大 32名 | 慶應義塾大 39名 | 東京慈恵会医科大 30名 | 関西医科大 49名 | その他 | 国際医療福祉大 80名 | 順天堂大 52名 | 日本医科大 42名 | 私立医・医 443名

旧七帝大+東工大・一橋大・神戸大 4,599名

東京大 834名 | 東北大 389名 | 九州大 487名 | 一橋大 219名 | 京都大 493名 | 名古屋大 379名 | 東京工業大 219名 | 神戸大 483名 | 北海道大 450名 | 大阪大 646名

上理明青立法中21,018名

上智大 1,605名 | 青山学院大 2,154名 | 法政大 3,833名 | 東京理科大 2,892名 | 立教大 2,730名 | 中央大 2,855名 | 明治大 4,949名

国公立大16,320名

※2 史上最高… 東進のこれまでの実績の中で最大。

国公立 総合・学校推薦型選抜も東進!

旧七帝大+東工大・一橋大・神戸大 434名

国公立医・医 319名

東京大	25名	大阪大	57名
京都大	24名	九州大	38名
北海道大	24名	東京工業大	30名
東北大	119名	一橋大	10名
名古屋大	65名	神戸大	42名

国公立大学の総合型・学校推薦型選抜の合格実績は、指定校推薦を除く、早稲田塾を含まない東進ハイスクール・東進衛星予備校の現役生のみの合同実績です。

関関同立13,491名

関西学院大 3,139名 | 同志社大 3,099名 | 立命館大 4,477名 | 関西大 2,776名

日東駒専9,582名

日本大 3,560名 | 東洋大 3,575名 | 駒澤大 1,070名 | 専修大 1,377名

産近甲龍6,085名

京都産業大 614名 | 近畿大 3,686名 | 甲南大 669名 | 龍谷大 1,116名

ウェブサイトでもっと詳しく 東進 検索

2024年3月31日締切

各大学の合格実績は、東進ネットワーク(東進ハイスクール、東進衛星予備校、早稲田塾)の現役生のみ、高3時在籍者のみの合同実績です。一人で複数合格した場合は、それぞれの合格者数に計上しています。

※2024年4月現在